U0397255

园林谈丛

文博大家丛书

上海人民出版社

图书在版编目(CIP)数据

园林谈丛 / 陈从周著. —2 版. —上海：上海人民出版社，2016
(文博大家)
ISBN 978-7-208-13594-9

Ⅰ.①园... Ⅱ.①陈... Ⅲ.①园林艺术—研究—中国 Ⅳ.①TU986.62

中国版本图书馆 CIP 数据核字(2016)第 021535 号

特约编辑 陆宗寅
责任编辑 霍小骞
彩图摄影 鹿大禹　田　源
封面设计 王小阳

文博大家
园林谈丛
(第二版)

著　　者 陈从周
出　　版 世纪出版集团 上海人民出版社
(200001 上海福建中路 193 号 www.ewen.co)
发　　行 世纪出版集团发行中心发行
制　　版 南京展望文化发展有限公司
印　　刷 浙江新华数码印务有限公司
版　　次 2016 年 4 月第 2 版
2016 年 4 月第 1 次印刷
开　　本 635×965 1/16
印　　张 15.5
插　　页 4
字　　数 227,000
书　　号 ISBN 978-7-208-13594-9/TU·8
定　　价 65.00 元

目　录

序

冯其庸

我与陈从周同志相交已经三十年了，他是我国著名的古建筑专家、园林艺术专家。我与从周相识，是由于另一好友诗人严古津的介绍。古津是一个热心肠人，凡是他所钦佩的朋友，必使之相互都成为朋友，就这样我与从周真正一见如故。三十年来相交无间，除了他的古建筑学的专长我一无所知外，差不多他所爱好的也大都是我所爱好的，因此，我们俩不见面便罢，见面后就有说不完的话头。

“文化大革命”中，我们各自天南地北失去了联系，而古津在无锡也不知道我们的信息，古津写诗忆从周，后来把诗寄给了我：

伐木丁丁鸟自呼，湘兰楚竹画相娱；

别来几见当头月，望断长天雁字无？

因为从周不但是古建专家，而且是书画家，所以古津诗里第二句及之。我看到这首诗的时候，正是1966年秋末的一个风雨之夕，当时感触很多，随手写了一首怀念从周和古津的诗：

漫天风雨读楚辞，正是众芳摇落时；

晚节莫嫌黄菊瘦，天南尚有故人思。

现在古津已经去世二年，而这些诗却成了不可磨灭的梦痕。

从周比我年长，我对他是十分尊敬和佩服的，惟其如此，我们相处从不拘形迹，可以倾心谈吐。他本来是学文史的，后来转入了古建筑的研究，而且卓然成家，仆仆风尘，几乎跑遍了整个中国。凡是著名的园林古建，绝大多数都经他的调查研究。去年春天，我到扬州开会，当天晚上，就与朋友举行了一次座谈会，到十时毕。忽然得知从周也在扬州，住天宁寺旁西园宾馆，这真是意外的喜讯。我急欲看望他，当夜即

■ 北京颐和园冬雪

踏月往访。到天宁寺，已将近十一时，门者说不能会客了，已经睡了。我说我从北京来，有急事要见他。门者不从，我坚持要见，我说你只要说我的名字，他就会起床的。门者无奈，通报后，果然从周跃然而至。原来他们根本没有睡觉，而是与钱承芳等几位朋友一起在作画。我到后大家喜出望外，索性放下画笔畅谈起来了。从周告诉我，这座天宁寺，就是曹寅当年刻《全唐诗》的地方。门前的水码头和石阶，就是当年康熙南巡时由三叉河口船行到扬州停泊的码头。后来乾隆南巡，也到此停

舟。码头一直保持着原貌，未经改修。经他这一番指点，更为这次夜访天宁寺增添了不少趣味。因为夜太深了，不能久留，他送我出来时，穿过天宁寺的园林，当头一轮明月，银波轻洒，地上树影婆娑，有如水荇交横，此情此景，恍如东坡承天寺夜游。

与从周相处，常常免不了谈到古建筑，谈到园林艺术。他常谈起建园要因地制宜，有实有虚，有借景，有对景，有静观，有动观，有山脉，有水源。有时要竹影参差；有时要花香暗度；有时要春水绿波，池鱼可数；有时要绿荫满院，莺声初啭。我听他谈园林艺术的这些讲究，简直如赏名画，如读游记。有一段时间我住在颐和园半山的“云松巢”，常常在茶余饭后，在长廊里或昆明湖畔闲步。每到夕阳西下、暮色苍茫的时候，抬头见西边一抹青山，玉泉山塔影倒映入湖，下面是长堤翠柳，玉带桥隐现于柳影中，真是园内园外融成一片佳景，这时我体会到了古人造园时的借景之妙。

从周还常常谈游园要注意春夏秋冬四季不同。春宜观花；夏宜赏荷；秋则老圃黄花，枫叶流丹；冬则明月积雪，四望皎然。有一次大雪后，我和另外几位朋友在晚上写作到十点多钟，大家游兴顿发，一起在颐和园后山冈上踏雪赏月。这时，偌大一个颐和园，悄无人声。我们一路谈笑，月光与白雪相映，正是四望皎然，如同白昼，空气虽然寒冷，但却特别新鲜清冽。俯视前边昆明湖，只是白茫茫一片，惟有十七孔桥瘦影如带，龙王庙树影幢幢掩映而已。我们都被这“明月照积雪”的情景迷住了，简直留连忘返。有的同志大声谈笑，却不料惊起了头顶上的宿鸟，扑棱棱飞起，把树头的积雪碰落下来，弄得大家身上脖子里都是雪，又引起了一阵哄笑。这时我们仿佛置身于《山阴夜雪图》中。

不久前，从周赴美筹建“明轩”经瑞士回来，在北京逗留，我们又欢聚了几日。我正在校注《红楼梦》，住在恭王府里面的“天香庭院”里，过去有人曾考证这里就是曹雪芹写大观园的取材处。十多年前，从周曾调查过这些建筑，这次，我请他再实地查勘一遍。我们边查边谈，他说像恭王府的东路第一进三间大厅，建筑规格完全是康熙时期的，中路和西路则都是乾隆以后的。花园部分，他指出东面大围墙毫无疑问是康熙时期或较先的建筑；花园最后面的一座假山，其向阳部分用黄色土太湖石堆砌者，是康熙时旧建；山洞用石过梁，洞腹小，都是乾隆以前的旧制。在太湖石堆里，还长有两棵古老的大树，更证明这是堆山时植下去的，否则不能使树与石长成一体。至于花园的其余部分，皆是后来的建筑，叠山的手法也判然有别，都用青色云片石堆砌，四周山冈皆无古树。经他这一语道破，我们外行看来也就觉得历历分明，没有含糊了。所以我又深深体会到从周从事的古建筑研究的学问，都是脚踏实地的实学，是从实践中得来的真知，不是泛泛之论，更不是空洞无物的空论。

从周的散文，有晚明小品的风味，这从他的这本集子中可以看到。他又是一个诗人，他的诗、词均极清丽可诵。他的《羊城杂咏》云：

一

高楼百尺水沉沉，花市羊城动客心；
人影衣香来异国，老夫依旧汉儒生。

二

西园一曲尚泠泠，人远江南入梦痕。
佳话荔湾成影事，千年功过向谁论。

他的《临江仙·勘查广州花塔，应广州文化局之邀》云：

不信我来花事过，画堂依旧芳芬。
午阴嘉树覆浓荫。蝉鸣门外柳，人倚水边亭。
漫道此生还似梦，老怀未必堪惊。
名园胜迹几重经。浮图高百尺，健步上青云。

从周常称自己是“梓人”，赵朴初翁赠诗有“多能真见梓人才”之句称之。他已刊的著作有《苏州园林》、《扬州园林》、《苏州旧住宅》等多种及古建园林论文、调查记数十篇，风行海内，为治古建筑学者所宝。此外，他尚著有《梓室余墨》若干卷，仍秘行箧。他还喜爱制砚和制杖，他知我爱此二物，曾为我制一砚，并乞海上王瑗仲师为书铭。他又知我爱杖成癖，每到一地，遇有佳材，辄制杖以赠。去春又为我制缠枝杖，并请吴门矫毅为刻题记，其多才多艺复多情辄如此。往岁，他曾制杖赠苏州钱梦苕先生，梦老报之以诗云：

一

寒碧西湖记不真，孤山桥路梦成尘；
飞来纸帐横斜影，却抵江南万树春。

二

飘然灵杖万峰还，起我沉疴一夕间；
绝胜谢家团扇上，碧云只画敬亭山。

三

清闷狮林在下风，胸中丘壑扫雷同；
拿云心事何人识，曾上天门小岱宗。

从周的画自出手眼，所作兰、竹、山水小品，极清逸之致，亦如其诗、文、小词之隽永有味。叶圣陶老先生曾赠诗云："眼明最爱从周画，笔底烟波淘石湖"，可见其画为前辈见重如此。

我爱读从周的园林著述及古建论文，常苦散处报刊，欲索无从，今喜结集，正可以手此一卷，以当卧游了。但从周要我作序，这却把我难住了，无可奈何，我只好讲些老实话，也就是外行话。读者在欣赏过他的园林小品及论文以后，再看看我介绍他的一些其他方面的成就，或许也不算是多余的吧，所以我大着胆子写了这些。

1979年1月8日夜二时半写毕于京华瓜饭楼

“园”门导游简说

——《说园》插图本引言

杨犁夫

读者朋友：

《说园》是讲园林艺术的，它本身又宛如一处引人入胜的园林。

将《说园》插图本介绍给读者，如同让读者赏识一处名园，相识固然不难，领略得深却未必容易，园里佳处确属不少，作好导游却又不很容易。在“园”门作个简略导游也许还可取，但愿有助于入“园”者而又不妨碍你自己的领略。

“园”门望“园”，它就会吸引人。五篇说园文章，就如五组景色，篇篇有新鲜处，篇篇又互相联接。清人邓传安是个颇为钟情于山水美景的人物，他在《蠡测汇钞》中记载过台湾彰化县界外狮头社地方由潭里突然涌出四座小山的自然奇观。他把这四座小山比作《尔雅》中曾解释过的“属者峄”，称它们“络绎相连”，“绉透瘦，大似壶中九华”，很可引人观赏。陈从周先生积多年研究园林之功，而出于自然的手笔，将五篇说园托出于一些园林谈艺文章之中，和那四座小山真还有点相似呢！

那么，这说园之“园”的特色该如何领略?作者用那亲切的文笔所写的明晰线索就提供了“园”中的路径。这些联接各篇的脉络倒是可以提请入“园”者注意的，这里略举几点：

一、作者说：“中国园林是由建筑、山水、花木等组合而成的一个综合艺术品，富有诗情画意。”《说园》中的文章对这种综合艺术品的构成与赏鉴作了深入浅出的探讨，而写法又生动自然。学术著作能依据所论对象的特点，写得如此生动、亲切，使人好读，这是《说园》又可自成一“园”的优长所在。试入“园”领略一番，从中便可以见到一些艺术的匠思，文学的韵味，美学的深度，哲学的辩证观点，还有心理学在

上海松江醉白池

鉴赏问题上的运用。文章写到曲径通幽处，使人游兴勃勃，写到联类无穷处，使人浮想联翩。你对作者的见解是否完全认同是另外一回事，而文章内涵的丰富与表达的有吸引力，却是令人喜悦的。"园"是让群众看和领略的，这是蕴含在许多生动文字后边的一条道理，了解园林这一综合艺术品的吸引力，不能离开这条道理。为文也是如此。

二、作者说，"能做到园有大小之分，有静观动观之别，有郊园市园之异等等，各臻其妙，方称'得体'（体宜）。"在许多地方又从不同需要、不同角度讲到体例、尺度与得体的关系。如结构组合各有因借，"放大缩小各有范畴"。善立善借的，可以在一定天地中做到可称佳构的"一体"，即"做得十分'得体'。"不善立不善借的，就会弄得"不伦不类，就是不'得体'。"这贯串全书各篇的美学见解，颇可使人对审美中一些重要问题得到启发。我们可以看到，园林美在比较中区别而得，在因借中联系而立，妙在有综合、有意境的"得体"。把握了这中间的区别，又把握了这中间的联系，才懂得赏园，也才懂得造园。"得体"或叫"体宜"，是深刻的又是通俗的语言，其要旨在于从总体的生动联系中了解对象的审美价值。造园中与赏园中的静与动、露与藏、隐与显、隔与通、大与小、曲与直等等，以至改园、修园中种种关系的处理，都与此理有关。《说园》中引了《红楼梦》中"大观园试才题对额"一回中曹雪芹借贾宝玉之口评议稻香村建造中穿凿失真的毛病，认作“终非相宜”，从而抒发了“有自然之理，得自然之趣”的美学见解。陈从周先生以这一小说中的见解为教人求“真”，指出“借小说以说园，可抵一篇造园论也。”他所再三发挥的要“体宜”，要“得体”，就是把求真、求善、求美联系起来的必然要求。这是说园中一个重要的立论，值得注意领略。

三、作者又说，“游必有情，然后有兴，钟情山水，知己泉石，其审美与感受之深浅，实与文化修养有关。”又说，“造景自难，观景不易”。“不能品园，不能游园。不能游园，不能造园。”在作者看来，园林的欣赏和创造都与文化修养有关。在今天，也都与建设社会主义精神文明有关。从《说园》中所谈的有关园林艺术的道理，固然可以使人对游园、品园，以至造园，有更深更高一点的认识，对于促进有关文化修养的陶冶，连类而及其他的艺术门类、美学、心理学、哲学的学习，也会有益处。作者在第五篇中说，“造园综合性科学、艺术也，且包含哲理，观万变于其中。”可以说，造园之事虽仅社会现象一端，而恰恰因其有综合性艺术一面，又有综合性科学一面，而又牵涉到不断发展着的广大人民群众观赏的需要与文化建设的需要，所以其中大有学问可做。正因为这个，《说园》值得人们注意，也就可以明白了。

陈从周先生以老当益壮的精神写出《说园》，他自己并不以为完全满意，仍在思考补说，书末有言，“期有所得，当秉烛赓之。”我们赏着《说园》，也期待着它的新篇。

面前就是“说园”之“园”，请你赏览，看是如何？

1983 年 11 月 10 日

关于《说园》的一封信*

叶圣陶

××先生惠鉴：

本月廿四夕手书敬诵。因视力之差，写字不易，请恕我只能简复。

从周兄《说园》五篇于昨日阅毕，未令他人诵读。鄙意所欲言者，五篇俱言之，鄙意见不到者，五篇中透彻言之。熔哲文美术于一炉以论造园，臻此高境，钦悦无量。从周兄撰此五篇固欲针砭今时之造园修园者，而主持文物与园林工作之人恐多数未足以语此。至于一般游客，恐亦趁热闹者居多，到此一游，即感满足，气象境界，诗情画意，俱属非所措意。从周书第九十四页有云，“钟情山水，知己泉石，其审美与感受之深浅，实与文化修养有关。”旨哉斯言。故鄙意以为今时首要之举，在促进主管文物与园林之人之文化修养。宜撰浅显明畅之号召书刊于报章，或作简明扼要之意见书寄与党中央或国务院。方今两个文明一起抓，保护文物已定有法律，各地正在规划新猷，甚盼从周兄勿失此重要时机。——书此浅见，甚盼台从晤从周兄时言及之。

《说园》中载西野先生致从周书，诵之至钦雅怀。

台从极关心曲园修复事，今请略言之。大概有不少人不知道俞曲园为何如人，故造成了几间厅堂要问派什么用场。去秋我向苏州市委表示意见，主要意思为“曲园不能无园，如何恢复小园，可请从周教授斟酌之”。人大开会时，我与许家屯、韩培信在同一分组，我发言有意提及修复曲园。前曾闻平伯翁言从周兄欲为此事致书许韩二人，我初以为

---

*信题为本书编者所加。

与韩不相识，不拟附骥。及与韩见面，方知渠在苏州工作时即曾晤谈数次。故从周兄如拟写信，除曲园须有园一点外，尚须言曲园先生何以值得纪念，修复非为别用，唯为纪念曲园先生。我思路滞钝，不能起稿，从周兄如作书，则愿同签名。3 月 1 日开会，从周兄将往参加。此会上必当谈及修复古迹及园林，正是从周兄宣传其思想之好机会也。

本拟简写，乃得三纸，历时约九十分钟，略感累矣。

即请

撰安

1983 年 1 月 31 日上午

苏州沧浪园

从《扬州园林》说起

叶圣陶

1956年，同济大学建筑系印行陈从周教授编撰的《苏州园林》。我汇去五块钱购得一册，随时翻看，非常喜爱。苏州园林多，这许多摄在相片里的园林，大部分我没到过，可是最好最著名的几个，全是我幼年时经常去玩的。拙政园，沧浪亭，怡园，留园，网师园，几乎可以说每棵树，每道廊，每座假山，每个亭子我都背得出来。看了这几个园的相片，仿佛回到了幼年，遇见了旧友，所以我喜爱。相片中照的虽是旧游之地，又好像从前没有见过这一景，于此可见照相艺术的高妙，所以我喜爱。每张相片之下题着古人的词句，读了词句再来看相片，更觉得这一景确乎是美的境界，所以我喜爱。可惜的是词句之下没有标明是谁的词句，什么调。再则相片之外还有测绘精确的各个园的平面图，各处亭台楼阁的平面图或立面图，以及窗槅、花墙之类的精细图案，这些是我国古建筑史的珍贵资料，虽是外行也懂得，所以我喜爱。还有一点，这本图册不是陈从周教授个人的著作，是他带领建筑系的同学出外实习的产物。这样的实习是最好的教学方法，最合于教育的道理，所以我喜爱。

过了十八年，我跟从周开始通信。这才知道他善于绘画。承他画了好多幅梅兰松竹赠我，我在1974年12月间回敬他一阕《洞仙歌》，现在抄在这儿。

园林佳辑，已多年珍玩。
拙政诸图寄深眷。
想童时常与窗侣嬉游，
踪迹遍山径楼廊汀岸。

*　　　　*

今秋通简札，投甓招琼，
妙绘频贻抱惭看。
古趣写朱梅，兰石清妍，
更风筱幽禽为伴。
盼把晤沧浪虎丘间，
践雅约兼聆造形精鉴。

到现在十年了，十年间虽然晤谈好多回，同游沧浪亭和虎丘的愿望可没有实现。

去年，《苏州园林》在日本重印了。新加坡周颖南先生从日本买了，寄一册赠与我。内容跟旧本全同，装订比旧本好，经过了将近三十年，旧本大概很难找到了，把它重印是必要的，因为它是有用的书，不是泛泛的书。

最近突然接到从周寄赠的上海科学技术出版社出版的《扬州园林》，在我可以说又惊又喜。为什么惊?因为他又编成了《扬州园林》，今年可以出版，一个字也没跟我提起过，突然来了这样一本《苏州园林》的姐妹篇，印刷装订都挺精美，还有十几张相片彩色精印，是《苏州园林》所没有的，怎么能叫我不惊呢?

我第一次游扬州在二十年代，最初的好印象就是诗词中常用的“绿杨城郭”四个字。那么柔和茂密的葱绿的垂杨柳在春风中轻轻翻动，从来没见过，感到没法说清楚的美。后来又到过扬州三四次，都跟第一次同样匆匆，所以除了瘦西湖中及其周围的若干必游处所，扬州的名园一个也没到过。现在有了这本《扬州园林》，我可以从从容容“卧游”了，因此越发感激从周寄赠此册的厚意。

《扬州园林》中有从周撰写的一篇概说，小字密排，两万多字。我视力极度衰退，没法看，想让孙辈念给我听，他们不得空闲，所以至今还没听见这篇概说。可是从周的《说园》五篇却是我自己看的，每天看十来页，持之以恒，居然看完了。因为那是《同济大学学报》的抽印本，大字楷书，我还能对付，把它看清。这五篇《说园》是从周对造园艺术的全部思想的表述，他的哲学、美学、建筑学的观点全都包容在里面。如今在全国范围内，不是正在整理名胜，修复古建筑吗?他写这五篇《说园》的用意，就在使主其事的人懂行，知道为什么要整理和修复，该怎样去整理和修复，庶几不至于弄巧成拙，把好事办成坏事。因此，我以为这五篇《说园》是有心人的话，并非偶然兴到的漫笔。至于看得见的具体例子，则有《苏州园林》《扬州园林》两本图册在。图册跟《说园》交相为用，彼此参看，对整理和修复必然更有益处。因此我想向关心整理和修复的人进言，你们既然爱看苏州、扬州两本图册，请同时阅览从周的五篇《说园》。

我久已想向从周贡献些意思，因为头绪多，不容易想清楚，整理得有条有理，至今还没写出来。现在我想，等待完全想清楚，整理成条理，不知将在何年何月。不如把想到的随手写些出来，写错了将来再改，写乱了将来再调整，岂不是好。因此，下文就写这些不成条理的想头。

扼要总说一句其实也不难，难在分疏细说，说得明畅透彻。姑且先扼要总说一句：我恳切盼望从周在拍摄、测绘古园林，为整理和修复古园林尽力之外，凭他的哲学、美学、建筑学的观点，为大众造园；所谓大众，包括各地的居民和来自国内国外的旅游者。

我想，如苏州、扬州的那些名园，原先都是私家所有，不是为大众修造的，当然不为大众考虑。因此，那些园只宜于私家享受。大众去游览，要感到娱目赏心，得到美的享受，就未必做得到，大多只能做到“到此一游”而已。

私家造园，当然只须为私人着想。宾朋雅集，举家游赏，估计一百人大概差不多了。游人少，园小也见得宽舒。在宽舒的环境里，站在适当的地点，凭审美的眼光观看，就能发见这儿有佳景，那儿也有佳景。从周两本图册里的那些相片所以特别难能可贵，就在于在那些园林全归公有，其中几个名园的游人成千上万的，近三十年间，竟能够像独个儿游园似的，从从容容地凭他的审美观点，随处发见佳景，随时对准镜头，摄成那么多的精美相片。我料想多数游人未必能够如此。在熙熙攘攘之中，预防碰撞照顾同伴还来不及，即使有审美的素养也顾不到审美了。带了照相机的人也难办。一则在扰攘之中无从审美。二则即使能在意想排除其他游人，发现美景，实际上又怎么能排除呢？照不成好相片也无关紧要，紧要的是游园而没有得到应得的享受——以上是我以为古名园不甚适宜于大众游览的一层意思。

再就古名园不甚宜于大众游览加说几句。古名园的亭台楼阁、厅堂庭院以及假山回廊、九曲桥之类不宜于大众的挤，厅堂里的那些椅子凳子不适于也不够供大众的坐。无论厅堂的面积多么大，川流不息的人群在里面流过，谁也不容停一停步，挤进去了就挤出来，这有什么意思?厅堂里的那些椅子凳子全是上好木材，精巧工致，大多标明“请勿坐”，有的园不标明，由谁去坐呢？我一向有个感觉，古人制造那些讲究坐具，抱的是“为坐具而坐具”的观点，讲究的是构图的繁简，雕琢的精粗之类，坐上去身体舒泰不舒泰，那是不考虑的。说得明白些，那些讲究坐具坐上去并不舒泰，不如现今的藤椅和沙发。

以下再说一层意思。古名园往往要求“万物皆备于我”。“万物皆备于我”，就一方面说，是挺高妙的一种思想境界；就另一方面说，却是私有欲的表现，私家园林之所以为私家园林，富绅豪商和皇帝的私家园林都如此。为了要求“万物皆备于我”，往往出现不配称的布局。厅堂前面或后面堆起一座假山，不怎么大的荷花池旁边来一艘旱船，就是例子。厅堂和假山，荷花池和旱船，拆开来看都不错，合起来看就见得不呼应，不谐和。这对于如今的游览大众是不甚相宜的。有的人看了以为这样布局就挺美，有的人看了不免怅然，心里在摇头；这在供应大众以又适当又充分的美的享受以及逐步提高全社会的精神文明这两点上，都不免有所欠缺。

关于假山，在这儿我想说几句。现在为大众造园，只须因地制宜，不要求“万物皆备于我”，没有真山就不用堆假山。莫说堆假山的好手不容易找，假如有，在整理和修复古名园的工作中就大有好手用武之地。

外行话说得不少了，应该就此打住了。我恳切盼望从周为大众造园，想到两个具体的项目，现在就写出来，其实也不可能不是外行话。

一个项目是，以太湖周围为范围，在不征用或尽少征用农田的前提下，挑选若干地点，兴建游览区，供大众享受。一切利用自然而加以斟酌修正，务求有益于大众的身心。如果在游览区修建旅舍，应该显示出当地建筑的特色；而饮食起居和供应服务各方面务必专心致志为游览的大众着想，使他们心里真个满意。千万不要修建火柴匣式的高楼。那是大城市不得已的产物，我不知道住在里边是什么滋味。我从相片或电视中看，无论单座高楼或多座高楼，总之感到这是大城市异常的丑。咱们太湖周围的游览区不能学它。

再一个项目是，在调查研究的基础上，分成若干类型，按类型为各地农村绘制两种设计图案，一是住房的设计图案，二是屋前屋后园圃的设计图案，以供广大农民采用。如今各地农民逐渐走上富裕的道路，他们不但要求有足够的房子住，还要求住得舒服，生活上精神上更感到愉快。为了这一点为农民服务，设计制图，真可谓无量功德。至于屋前屋后的布置，经过专家的考虑，可能做到更经济更美，也不是无关重要的细事。这个项目好像不是造园，其实是广义的造园。

■ 吴江同里退思园

以上说的两个项目，当然要由从周带领同济大学的同学们共同去做。那么，这样做是最高明的教学方法，同时又是最踏实的教育实践。

从周精力充沛，不怕多事，学力和经验两扎实，看了我提出的两个项目，想必会有跃跃欲试的意思。可惜我说得不透彻，欠具体，通篇看来，更见得杂乱无章。用这样的拙作来报答从周寄赠《扬州园林》的厚意，就从周方面说，与拙词《洞仙歌》里的句子正相反背，可谓“投琼招甓”了。

1983 年 7 月 12 日作

■ 苏州网师园

说园[①]

我国造园具有悠久的历史，在世界园林中树立着独特风格，自来学者从各方面进行分析研究，各抒高见。如今就我在接触园林中所见闻掇拾到的，提出来谈谈，姑名《说园》。

园有静观、动观之分，这一点我们在造园之先，首要考虑。何谓静观，就是园中予游者多驻足的观赏点；动观就是要有较长的游览线。

---

① 此文系作者 1978 年春应上海植物园所请的讲话稿，经整理而成。

二者说来，小园应以静观为主，动观为辅。庭院专主静观。大园则以动观为主，静观为辅。前者如苏州“网师园”，后者则苏州“拙政园”差可似之。人们进入网师园宜坐宜留之建筑多，绕池一周，有槛前细数游鱼，有亭中待月迎风，而轩外花影移墙，峰峦当窗，宛然如画，静中生趣。至于拙政园径缘池转，廊引人随，与“日午画船桥下过，衣香人影太匆匆”的瘦西湖相仿佛，妙在移步换影，这是动观。立意在先，文循意出。动静之分，有关园林性质与园林面积大小。像上海正在建造的盆景园，则宜以静观为主，即为一例。

中国园林是由建筑、山水、花木等组合而成的一个综合艺术品，富有诗情画意。叠山理水要造成“虽由人作，宛自天开”的境界。山与水的关系究竟如何呢?简言之，范山模水，用局部之景而非缩小（网师园水池仿虎丘白莲池，极妙），处理原则悉符画本。山贵有脉，水贵有源，脉源贯通，全园生动。我曾经用“水随山转，山因水活”与“溪水因山成曲折，山蹊（路）随地作低平”来说明山水之间的关系，也就是从真山真水中所得到的启示。明末清初叠山家张南垣主张用平冈小陂、陵阜陂阪，也就是要使园林山水接近自然。如果我们能初步理解这个道理，就不至于离自然太远，多少能呈现水石交融的美妙境界。

中国园林的树木栽植，不仅为了绿化，且要具有画意。窗外花树一角，即折枝尺幅；山间古树三五，幽篁一丛，乃模拟枯木竹石图。重姿态，不讲品种，和盆栽一样，能“入画”。拙政园的枫杨、网师园的古柏，都是一园之胜，左右大局，如果这些饶有画意的古木去了，一园景色顿减。树木品种又多有特色，如苏州留园原多白皮松，怡园多松、梅，沧浪亭满种箬竹，各具风貌。可是近年来没有注意这个问题，品种搞乱了，各园个性渐少，似要引以为戒。宋人郭熙说得好：“山以水为血脉，以草为毛发，以烟云为神采。”草尚如此，何况树木呢！我总觉得一个地方的园林应该有那个地方的植物特色，并且土生土长的树木存活率大，成长得快，几年可茂然成林。它与植物园有别，是以观赏为主，而非以种多斗奇。要能做到“园以景胜，景因园异”，那真是不容易。这当然也包括花卉在内。同中求不同，不同中求同，我国园林是各具风格的。古代园林在这方面下过功夫，虽亭台楼阁，山石水池，而能做到风花雪月，光景常新。我们民族在欣赏艺术上存乎一种特性，花木

■ 苏州拙政园

重姿态，音乐重旋律，书画重笔意等，都表现了要用水磨功夫，才能达到耐看耐听，经得起细细的推敲，蕴藉有余味。在民族形式的探讨上，这些似乎对我们有所启发。

园林景物有仰观、俯观之别，在处理上亦应区别对待。楼阁掩映，山石森严，曲水湾环，都存乎此理。“小红桥外小红亭，小红亭畔，高柳万蝉声。”“绿杨影里，海棠亭畔，红杏梢头。”这些词句不但写出园景层次，有空间感和声感，同时高柳、杏梢，又都把人们视线引向仰观。文学家最敏感，我们造园者应向他们学习。至于“一丘藏曲折，缓步百跻攀”，则又皆留心俯视所致。因此园林建筑物的顶，假山的脚，水口，树梢，都不能草率从事，要着意安排。山际安亭，水边留矶，是能引人仰观、俯观的方法。

我国名胜也好，园林也好，为什么能这样勾引无数中外游人，百看不厌呢?风景绚美，固然是重要原因，但还有个重要因素，即其中有文化、有历史。我曾提过风景区或园林有文物古迹，可丰富其文化内容，使游人产生更多的兴会、联想，不仅仅是到此一游，吃饭喝水而已。文物与风景区园林相结合，文物赖以保存，园林借以丰富多彩，两者相辅相成，不矛盾而统一。这样才能体现出一个有古今文化的社会主义中国园林。

中国园林妙在含蓄，一山一石耐人寻味。立峰是一种抽象雕刻品，美人峰细看才像。九狮山亦然。鸳鸯厅的前后梁架，形式不同，不说不明白，一说才恍然大悟，竟寓鸳鸯之意。奈何今天有许多好心肠的人，唯恐游者不了解，水池中装了人工大鱼，熊猫馆前站着泥塑熊猫，如做着大广告，与含蓄两字背道而驰，失去了中国园林的精神所在，真太煞风景。鱼要隐现方妙，熊猫馆以竹林引胜，渐入佳境，游者反多增趣味。过去有些园名如寒碧山庄（留园）[①]、梅园、网师园，都可顾名思义，园内的特色是白皮松、梅、水。尽人皆知的西湖十景，更是佳例。亭榭之额真是赏景的说明书，拙政园的荷风四面亭，人临其境即无荷风，亦觉风在其中，发人遐思。而联对文辞之隽永，书法之美妙，更令人一唱三叹，徘徊不已。镇江焦山顶的“别峰庵”，为郑板桥读书处，小斋三间，一庭花树，门联写着“室雅无须大，花香不在多”，游者见到，顿觉心怀舒畅，亲切地感到景物宜人，博得人人称好，游罢个个传诵。至于匾额，有砖刻、石刻，联屏有板对、竹对、板屏、大理石屏，外加石刻书条石，皆少用画面，比具体的形象来得曲折耐味。其所以不用装裱的屏联，因园林建筑多敞口，有损纸质，额对露天者用砖石，室内者用竹木，皆因地制宜而安排。住宅之厅堂斋室，悬挂装裱字画，可增加内部光线及音响效果，使居者有明朗清静之感，有与无，情况大不相同。当时宣纸规格、装裱大小皆有一定，乃根据建筑尺度而定。

园林中曲与直是相对的，要曲中寓直，灵活应用，曲直自如。画家讲画树，要无一笔不曲，斯理至当。曲桥、曲径、曲廊，本来在交通意义上，是由一点到另一点而设置的。园林中两侧都有风景，随直曲折一下，使行者左右顾盼有景，信步其间使距程延长，趣味加深。由此可见，曲本直生，重在曲折有度。有些曲桥，定要九曲，既不临水面（园林桥一般要低于两岸，有凌波之意），生硬屈曲，行桥宛若受刑，其因在于不明此理（上海豫园前九曲桥即坏例）。

---

① 见刘蓉峰（恕）《寒碧山庄记》。“予因而葺之，拮据五年，粗有就绪。以其中多植白皮松，故名寒碧庄。罗致太湖石颇多，皆无甚奇，乃于虎阜之阴砂碛中获见一石笋，广不满二尺，长几二丈。询之土人，俗呼为斧擘石，盖川产也。不知何人辇至卧于此间，亦不知历几何年。予以百觚艘载归，峙于寒碧庄听雨楼之西。自下而窥，有干霄之势，因以为名。”此隶书石刻残碑，我于1975年12月发现，今存留园。

★ 苏州留园绿荫

★ 苏州留园雾景

★ 苏州拙政园梧竹幽居

★ 苏州拙政园见山楼

造园在选地后，就要因地制宜，突出重点，作为此园之特征，表达出预想的境界。北京圆明园，我说它是“因水成景，借景西山”，园内景物皆因水而筑，招西山入园，终成“万园之园”。无锡寄畅园为山麓园，景物皆面山而构，纳园外山景于园内。网师园以水为中心，殿春簃一院虽无水，西南角凿冷泉，贯通全园水脉，有此一眼，绝处逢生，终不脱题。新建东部，设计上既背固有设计原则，且复无水，遂成僵局，是事先对全园未作周密的分析，不假思索而造成的。

园之佳者如诗之绝句，词之小令，皆以少胜多，有不尽之意，寥寥几句，弦外之音犹绕梁间（大园总有不周之处，正如长歌慢调，难以一气呵成）。我说园外有园，景外有景，即包括在此意之内。园外有景妙在“借”，景外有景在于“时”，花影、树影、云影、水影、风声、水声、鸟语、花香，无形之景，有形之景，交响成曲。所谓诗情画意盎然而生，与此有密切关系（参见本书《建筑中的借景问题》）。

万顷之园难以紧凑，数亩之园难以宽绰。紧凑不觉其大，游无倦意，宽绰不觉局促，览之有物，故以静、动观园，有缩地扩基之妙。而大胆落墨，小心收拾（画家语），更为要谛，使宽处可容走马，密处难以藏针（书家语）。故颐和园有烟波浩渺之昆明湖，复有深居山间的谐趣园，于此可悟消息。造园有法而无式，在于人们的巧妙运用其规律。计成所说的“因借（因地制宜，借景）”，就是法。《园冶》一书终未列式。能做到园有大小之分，有静观动观之别，有郊园市园之异等等，各臻其妙，方称“得体”（体宜）。中国画的兰竹看来极简单，画家能各具一格；古典折子戏，亦复喜看，每个演员演来不同，就是各有独到之处。造园之理与此理相通。如果定一式使学者死守之，奉为经典，则如画谱之有《芥子园》，文章之有“八股”一样。苏州网师园是公认为小园极则，所谓“少而精，以少胜多”。其设计原则很简单，运用了假山与建筑相对而互相更换的一个原则（苏州园林基本上用此法。网师园东部新建反其道，终于未能成功），无旱船、大桥、大山，建筑物尺度略小，数量适可而止，亭亭当当，像个小园格局。反之，狮子林增添了大船，与水面不称，不伦不类，就是不“得体”。清代汪春田重葺文园有诗：“换却花篱补石阑，改园更比改诗难；果能字字吟来稳，小有亭台亦耐看”，说得透彻极了，到今天读起此诗，对造园工作者来说，还是

扬州瘦西湖五亭桥

十分亲切的。

园林中的大小是相对的，不是绝对的，无大便无小，无小也无大。园林空间越分隔，感到越大，越有变化，以有限面积，造无限的空间，因此大园包小园，即基此理（大湖包小湖，如西湖三潭印月）。此例极多，几成为造园的重要处理方法。佳者如拙政园之枇杷园、海棠坞，颐和园的谐趣园等，都能达到很高的艺术效果。如果入门便觉是个大园，内部空旷平淡，令人望而生畏，即入园亦未能游遍全园，故园林不起游兴是失败的。如果景物有特点，委宛多姿，游之不足，下次再来，风景区也好，园林也好，不要使人一次游尽，留待多次有何不好呢？我很惋惜很多名胜地点，为了扩大空间，更希望能一览无

杭州西湖

北京颐和园

余，甚至于希望能一日游或半日游，一次观完，下次莫来，将许多古名胜园林的围墙拆去，大是大了，得到的是空，西湖平湖秋月、西泠印社都有这样的后果。西泠饭店造了高层，葛岭矮小了一半。扬州瘦西湖妙在瘦字，今后不准备在其旁建造高层建筑，是有远见的。本来瘦西湖风景区是一个私家园林群（扬州城内的花园巷，同为私家园林群，一用水路交通，一用陆上交通），其妙在各园依水而筑，独立成园，既分又合，隔院楼台，红杏出墙，历历倒影，宛若图画。虽瘦而不觉寒酸，反窈窕多姿。今天感到美中不足的，似觉不够紧凑，主要建筑物少一些，分隔不够。在以后的修建中，这个原来瘦西湖的特征，还应该保留下来。拙政园将东园与之合并，大则大矣，原来部分益现局促，而东园辽阔，游人无兴，几成为过道。分之两利，合之两伤。

本来中国木构建筑，在体形上有其个性与局限性，殿是殿，厅是厅，亭是亭，各具体例，皆有一定的尺度，不能超越，画虎不成反类犬，放大缩小各有范畴。平面使用不够，可几个建筑相连，如清真寺礼拜殿用勾连搭的方法相连，或几座建筑缀以廊庑，成为一组。拙政园东部将亭子放大了，既非阁，又不像亭，人们看不惯，有很多意见。相反，瘦西湖五亭桥与白塔是模仿北京北海大桥、五龙亭及白塔，因为地位不够大，将桥与亭合为一体，形成五亭桥，白塔体形亦相应缩小，这样与湖面相称了，形成了瘦西湖的特征，不能不称佳构，如果不加分析，难以辨出它是一个北海景物的缩影，做得十分“得体”。

无锡寄畅园

远山无脚，远树无根，远舟无身（只见帆），这是画理，亦造园之理。园林的每个观赏点，看来皆一幅幅不同的画，要深远而有层次。“常倚曲阑贪看水，不安四壁怕遮山。”如能懂得这些道理，宜掩者掩之，

★ 苏州留园曲溪楼

宜屏者屏之，宜敞者敞之，宜隔者隔之，宜分者分之，等等，见其片断，不逞全形，图外有画，咫尺千里，余味无穷。再具体点说：建亭须略低山巅，植树不宜峰尖，山露脚而不露顶，露顶而不露脚，大树见梢不见根，见根不见梢之类。但是运用上却细致而费推敲，小至一树的修剪，片石的移动，都要影响风景的构图。真是一枝之差，全园败景。拙政园玉兰堂后的古树枯死，今虽补植，终失旧貌。留园曲溪楼前有同样的遭遇。至此深深体会到，造园困难，管园亦不易，一个好的园林管理者，他不但要考查园的历史，更应知道园的艺术特征，等于一个优秀的护士对病人作周密细致的了解。尤其重点文物保护单位，更不能鲁莽从事，非经文物主管单位同意，须照原样修复，不得擅自更改，否则不但破坏园林风格，且有损文物，关系到党的文物政策问题。

郊园多野趣，宅园贵清新。野趣接近自然，清新不落常套。无锡蠡园为庸俗无野趣之例，网师园属清新典范。前者虽大，好评无多；后者虽小，赞辞不已。至此可证园不在大而在精，方称艺术上品。此点不仅在风格上有轩轾，就是细至装修陈设皆有异同。园林装修同样强调因地制宜，敞口建筑重线条轮廓，玲珑出之，不用精细的挂落装修，因易损伤；家具以石凳、石桌、砖面桌之类，以古朴为主。厅堂轩斋有门窗者，则配精细的装修。其家具亦为红木、紫檀、楠木、花梨所制，配套陈设，夏用藤棚椅面，冬

★ 苏州网师园曲廊

★ 苏州狮子林水阁

★ 苏州民宅花墙

加椅披椅垫，以应不同季节的需要。但亦须根据建筑物的华丽与雅素，分别作不同的处理，华丽者用红木、紫檀，雅素者用楠木、花梨；其雕刻之繁简亦同样对待。家具俗称“屋肚肠”，其重要可知，园缺家具，即胸无点墨，水平高下自在其中。过去网师园的家具陈设下过大功夫，确实做到相当高的水平，使游者更全面地领会我国园林艺术。

古代园林张灯夜游是一件大事，屡见诗文，但张灯是盛会，许多名贵之灯是临时悬挂的，张后即移藏，非永久固定于一地。灯也是园林一部分，其品类与悬挂亦如屏联一样，皆有定格，大小形式各具特征。现在有些园林为了适应夜游，都装上电灯，往往破坏园林风格，正如宜兴善卷洞一样，五色缤纷，宛若餐厅，几不知其为洞穴，要还我自然。苏州狮子林在亭的戗角头装灯，甚是触目。对古代建筑也好，园林也好，名胜也好，应该审慎一些，不协调的东西少强加于它。我以为照明灯应隐，装饰灯宜显，形式要与建筑协调。至于装挂地位，敞口建筑与封闭建筑有别，有些灯玲珑精巧不适用于空廊者，挂上去随风摇曳，有如塔铃，灯且易损，不可妄挂。而电线电杆更应注意，既有害园景，且阻视线，对拍照人来说，真是有苦说不出。凡兹琐琐，虽多陈音俗套，难免絮聒之讥，似无关大局，然精益求精，繁荣文化，愚者之得，聊资参考!

1978 年

续
说园

造园一名构园，重在构字，含意至深。深在思致，妙在情趣，非仅土木绿化之事。杜甫《陪郑广文游何将军山林十首》、《重过何氏园五首》，一路写来，园中有景，景中有人，人与景合，景因人异。吟得与构园息息相通，“名园依绿水，野竹上青霄”，“绿垂风折笋，红绽雨肥梅”，园中景也。“兴移无洒扫，随意坐莓苔”，“石阑斜点笔，梧叶坐题诗”，景中人也。有此境界，方可悟构园神理。

风花雪月，客观存在，构园者能招之即来，听我驱使，则境界自

■ 苏州拙政园

出。苏州网师园，有亭名“月到风来”，临池西向，有粉墙若屏，正撷此景精华，风月为我所有矣。西湖三潭印月，如无潭则景不存，谓之点景。画龙点睛，破壁而出，其理自同。有时一景“相看好处无一言”，必藉之以题辞，辞出而景生。《红楼梦》“大观园试才题对额”一回(第十七回)，描写大观园工程告竣，各处亭台楼阁要题对额，说：“若大景致，若干亭榭，无字标题，任是花柳山水，也断不能生色。”由此可见题辞是起“点景”之作用。题辞必须流连光景，细心揣摩，谓之“寻景”。清人江弢叔有诗云：“我要寻诗定是痴，诗来寻我却难辞。今朝又被诗寻着，满眼溪山独去时。”“寻景”达到这一境界，题辞才显神来之笔。

我国古代造园，大都以建筑物为开路。私家园林，必先造花厅，然后布置树石，往往边筑边拆，边拆边改，翻工多次，而后妥帖。沈元禄记猗园谓：“奠一园之体势者，莫如堂；据一园之形胜者，莫如山。”盖园以建筑为主，树石为辅，树石为建筑之联缀物也。今则不然，往往先凿池铺路，主体建筑反落其后，一园未成，辄动万金，而游人尚无栖身之处，主次倒置，遂成空园。至于绿化，有些园林、风景区、名胜古迹，砍老木，栽新树，俨若苗圃，美其名为“以园养园”，亦悖常理。

园既有“寻景”，又有“引景”。何谓“引景”，即点景引人。西湖雷峰塔圮后，南山之景全虚。景有情则显，情之源来于人。“芳草有情，斜阳无语，雁横南浦，人倚西楼。”无楼便无人，无人即无情，无情亦无景，此景关键在楼。证此可见建筑物之于园林及风景区的重要性了。

前人安排景色，皆有设想，其与具体环境不能分隔，始有独到之

★ 苏州拙政园宜两亭

★ 苏州拙政园水廊

★ 苏州留园冠云亭

笔。西湖满觉陇一径通幽，数峰环抱，故配以桂丛，香溢不散，而泉流淙淙，山气霏霏，花滋而馥郁，宜其秋日赏桂，游人信步盘桓，流连忘返。闻今已开公路，宽道扬尘，此景顿败。至于小园植树，其具芬芳者，皆宜围墙。而芭蕉分翠，忌风碎叶，故栽于墙根屋角；牡丹香花，向阳斯盛，须植于主厅之南。此说明植物种植，有藏有露之别。

盆栽之妙在小中见大。“栽来小树连盆活，缩得群峰入座青”，乃见巧虑。今则越放越大，无异置大象于金丝鸟笼。盆栽三要：一本，二盆，三架，缺一不可。宜静观，须孤赏。

我国古代园林多封闭，以有限面积，造无限空间，故“空灵”二字，为造园之要谛。花木重姿态，山石贵丘壑，以少胜多，须概括、提炼。曾记一戏台联：“三五步，行遍天下；六七人，雄会万师。”演剧如此，造园亦然。

白皮松独步中国园林，因其体形松秀，株干古拙，虽少年已是成人之概。杨柳亦宜装点园林，古人诗词中屡见不鲜，且有以万柳名园者。但江南园林则罕见之，因柳宜濒水，植之宜三五成行，叶重枝密，如帷如幄，少透漏之致，一般小园，不能相称。而北国园林，面积较大，高柳侵云，长条拂水，柔情万千，别饶风姿，为园林生色不少。故具体事物必具体分析，不能强求一律。有谓南方园林不植杨柳，因蒲柳早衰，为不吉之兆。果若是，则拙政园何来“柳荫路曲”一景呢？

风景区树木，皆有其地方特色。即以松而论，有天目山松、黄山松、泰山松等，因地制宜，以标识各座名山的天然秀色。如今有不少

“摩登”园林家，以“洋为中用”来美化祖国河山，用心极苦。即以雪松而论，几如药中之有青霉素，可治百病，全国园林几将遍植。“白门（南京）杨柳可藏鸦”，“绿杨城郭是扬州”，今皆柳老不飞絮，户户有雪松了。泰山原以泰山松独步天下，今在岱庙中也种上雪松，古建筑居然西装革履，无以名之，名之曰“不伦不类”。

园林中亭台楼阁，山石水池，其布局亦各有地方风格，差异特甚。旧时岭南园林，每周以楼，高树深池，阴翳生凉，水殿风来，溽暑顿消，而竹影兰香，时盈客袖，此惟岭南园林得之，故能与他处园林分庭抗衡。

园林中求色，不能以实求之。北国园林，以翠松朱廊衬以蓝天白云，以有色胜。江南园林，小阁临流，粉墙低压，得万千形象之变。白本非色，而色自生；池水无色，而色最丰。色中求色，不如无色中求色。故园林当于无景处求景，无声处求声，动中求动，不如静中求动。景中有景，园林之大镜、大池也，皆于无景中得之。

★ 苏州网师园射鸭廊

小园树宜多落叶，以疏植之，取其空透；大园树宜适当补常绿，则旷处有物。此为以疏救塞，以密补旷之法。落叶树能见四季，常绿树能守岁寒，北国早寒，故多植松柏。

石无定形，山有定法。所谓法者，脉络气势之谓，与画理一也。诗有律而诗亡，词有谱而词衰，汉魏古风、北宋小令，其卓绝处不能以格律绳之者。至于学究咏诗，经生填词，了无性灵，遑论境界。造园之道，消息相通。

假山平处见高低，直中求曲折，大处着眼，小处入手。黄石山起脚易，收顶难；湖石山起脚难，收顶易。黄石山要浑厚中见空灵，湖石山要空灵中寓浑厚。简言之，黄石山失之少变化，湖石山失之太琐碎。

苏州拙政园

石形、石质、石纹、石理，皆有不同，不能一律视之，中存辩证之理。叠黄石山能做到面面有情，多转折；叠湖石山能达到宛转多姿，少做作，此难能者。

叠石重拙难，树古朴之峰尤难，森严石壁更非易致。而石矶、石坡、石磴、石步，正如云林小品，其不经意处，亦即全神最贯注处，非用极大心思，反复推敲，对全景作彻底之分析解剖，然后以轻灵之笔，随意着墨，正如颊上三毛，全神飞动。不经意之处，要格外经意。明代假山，其厚重处，耐人寻味者正在此。清代同光时期假山，欲以巧取胜，反趋纤弱，实则巧夺天工之假山，未有不从重拙中来。黄石之美在于重拙，自然之理也。没其质性，必无佳构。

明代假山，其布局至简，磴道、平台、主峰、洞壑，数事而已，千变万化，其妙在于开合。何以言之?开者山必有分，以涧谷出之，上海豫园大假山佳例也。合者必主峰突兀，层次分明，而山之余脉，石之散点，皆开之法也。故旱假山之山根、散石，水假山之石矶、石濑，其用意一也。明人山水画多简洁，清人山水画多繁琐，其影响两代叠山，不无关系。

明张岱《陶庵梦忆》评仪征汪园三峰石云:“余见其弃地下一白石，

高一丈、阔二丈，而痴，痴妙。一黑石阔八尺，高丈五而瘦，瘦妙。”痴妙，瘦妙，张岱以“痴”、“瘦”品石，盖寓情在石。清龚自珍品人用“清丑”一辞，移以品石极善。广州园林新点黄石，甚顽。指出“顽”字，可补张岱二妙之不足。

假山有旱园水做之法，如上海嘉定秋霞圃之后部，扬州二分明月楼前部之叠石，皆此例也。园中无水，而利用假山之起伏，平地之低降，两者对比，无水而有池意，故云水做。至于水假山以旱假山法出之，旱假山以水假山法出之，则谬矣。因旱假山之脚与水假山之水口两事也。他若水假山用崖道、石矶、湾头，旱假山不能用；反之旱假山之石根，散点又与水假山者异趣。至于黄石不能以湖石法叠，湖石不能运黄石法，其理更明。总之，观天然之山水，参画理之所示，外师造化，中发心源，举一反三，无往而不胜。

园林有大园包小园，风景有大湖包小湖，西湖三潭印月为后者佳例。明人钟伯敬所撰《梅花墅记》：“园于水，水之上下左右，高者为台，深者为室，虚者为亭，曲者为廊，横者为渡，竖者为石，动植者为花鸟，往来者为游人，无非园者。然则人何必各有其园也，身处园中，

■ 北京北海公园曲桥牌坊

不知其为园。园之中、各有园，而后知其为园，此人情也。”造园之学，有通哲理，可参证。

园外之景与园内之景，对比成趣，互相呼应，相地之妙，技见于斯。钟伯敬《梅花墅记》又云：“大要三吴之水，至甫里（甪直）始畅，墅外数武反不见水，水反在户以内。盖别为暗窦，引水入园，开扉坦步，过杞菊斋……登阁所见，不尽为水。然亭之所跨，廊之所往，桥之所踞，石所卧立，垂杨修竹之所冒荫则皆水也。……从阁上缀目新眺，见廊周于水，墙周于廊，又若有阁。亭亭处墙外者，林木荇藻，竟川含绿，染人衣裾，如可承揽，然不可即至也。……又穿小酉洞，憩招爽

★ 苏州网师园月到风来亭

★ 苏州沧浪亭复廊

亭，苔石啮波，曰锦淙滩。诣修廊，中隔水外者，竹树表里之，流响交光，分风争日，往往可即，而仓卒莫定处，姑以廊标之。”文中所述之园，以水为主，而用水有隐有显，有内有外，有抑扬、曲折。而使水归我所用，则以亭阁廊等左右之，其造成水旱二层之空间变化者，唯建筑能之。故“园必隔，水必曲”。今日所存水廊，盛称拙政园西部者，而此梅花墅之水犹仿佛似之。知吴中园林渊源相承。

童寯老人曾谓，拙政园“藓苔蔽路，而山池天然，丹青淡剥，反觉逸趣横生”。真小颓风范，丘壑独存，此言园林苍古之境，有胜藻饰。而苏州留园华瞻，如七宝楼台拆下不成片段，故稍损易见败状。近时名胜园林，不修则已，一修便过了头。苏州拙政园水池驳岸，本土石相错，如今无寸土可见，宛若满口金牙。无锡寄畅园八音涧失调，顿逊前

观，可不慎乎？可不慎乎？

景之显在于“勾勒”。最近应常州之约，共商红梅阁园之布局。我认为园既名红梅阁，当以红梅出之，奈数顷之地遍植红梅，名为梅圃可矣，称园林则不当，且非朝夕所能得之者。我建议园贯以廊，廊外参差植梅，疏影横斜，人行其间，暗香随衣，不以红梅名园，而游者自得梅矣。其景物之妙，在于以廊“勾勒”，处处成图，所谓少可以胜多，小可以见大。

园林密易疏难，绮丽易雅淡难，疏而不失旷，雅淡不流寒酸。拙政园中部两者兼而得之，宜乎自明迄今，誉满江南，但今日修园林未明此理。

古人构园成必题名，皆有托意，非泛泛为之者。清初杨兆鲁营常州近园，其记云：“自抱痾归来，于注经堂后买废地六七亩，经营相度，历五年于兹，近似乎园，故题曰近园。”知园名之所自，谦抑称之。忆前年于马鞍山市雨湖公园，见一亭甚劣，尚无名。属我命之，我题为“暂亭”，意在不言中，而人自得之。其与“大观园”、“万柳堂”之类者，适反笔出之。

苏州园林，古典剧之舞台装饰，颇受其影响，但实物与布景不能相提并论。今则见园林建筑又仿舞台装饰者，玲珑剔透，轻巧可举，活像上海城隍庙之“巧玲珑”（纸扎物）。又如画之临摹本，搔首弄姿，无异东施效颦。

漏窗在园林中起“泄景”、“引景”作用，大园景可泄，小园景则宜引不宜泄。拙政园“海棠春坞”，庭院也，其漏窗能引大园之景。反之，苏州怡园不大，园门旁开两大漏窗，顿成败笔，形既不称，景终外暴，无含蓄之美矣。拙政园新建大门，庙堂气太甚，颇近祠宇，其于园林不得体者有若此。同为违反园林设计之原则，如于风景区及名胜古迹之旁，新建建筑往往喧宾夺主，其例甚多。谦虚为美德，尚望甘当配角，博得大家的好评。

“池馆已随人意改，遗篇犹逐水东流，漫盈清泪上高楼。”这是我前几年重到扬州，看到园林被破坏的情景，并怀念已故的梁思成、刘敦桢二前辈而写的几句词句，当时是有感触的。今续为说园，亦有所感而发，但心境各异。

1979年

■ 苏州拙政园石经幢

说园（三）

余既为《说园》《续说园》，然情之所钟，终难自已，晴窗展纸，再抒鄙见，芜驳之辞，存商求正，以《说园（三）》名之。

晋陶潜（渊明）《桃花源记》：“中无杂树，芳草鲜美。”此亦风景区花树栽植之卓见，匠心独具。与“采菊东篱下，悠然见南山”句，同为千古绝唱，前者说明桃花宜群植远观，绿茵衬繁花，其景自出。而后者暗示“借景”。虽不言造园，而理自存。

看山如玩册页，游山如展手卷，一在景之突出，一在景之联续。所谓静动不同，情趣因异，要之必有我存在，所谓“我见青山多妩媚，料青山见我应如是。”何以得之，有赖于题咏，故画不加题显俗，景无摩崖（或匾对）难明，文与艺未能分割也。“云无心以出岫，鸟倦飞而知还。”景之外兼及动态声响。余小游扬州瘦西湖，舍舟登岸，止于小金山“月观”，信动观以赏月，赖静观以小休，兰香竹影，鸟语桨声，而一抹夕阳斜照窗棂，香、影、光、声相交织，静中见动，动中寓静，极辩证之理于造园览景之中。

园林造景，有有意得之者，亦有无意得之者，尤以私家小园，地甚局促，往往于无可奈何之处，而以无可奈何之笔化险为夷，终挽全局。苏州留园之“华步小筑”一角，用砖砌地穴门洞，分隔成狭长小径，得“庭院深深深几许”之趣。

今不能证古，洋不能证中，古今中外自成体系，决不容借尸还魂，不明当时建筑之功能，与设计者之主导思想，以今人之见强与古人相合，谬矣。试观苏州网师园之东墙下，备仆从出入留此便道，如住宅之设“避弄”。与其对面之径山游廊，具极明显之对比，所谓“径莫便于捷，而又莫妙于迂”可证。因此，评园必究园史，更须熟悉当时之生活，方言之成理。园有一定之观赏路线，正如文章之有起承转合，手卷之有引首、卷本、拖尾，有其不可颠倒之整体性。今苏州拙政园入口处为东部边门，网师园入口处为北部后门，大悖常理，记得《义山杂纂》列人间煞风景事有：“松下喝道。看花泪下。苔上铺席。花下晒裈。游春载重。石笋系马。月下把火。背山起楼。果园种菜。花架下养鸡鸭。”等等。今余为之增补一条曰：“开后门以延游客”，质诸园林管理者以为如何?至于苏州以沧浪亭、狮子林、拙政园、留园“号称”宋元明清四大名园。留园与拙政园同建于明而同重修于清者，何分列于两代。此又令人不解者。

苏州拙政园

苏州狮子林

★ 苏州拙政园扇亭

余谓以静观者为主之网师园，动观为主之拙政园，苍古之沧浪亭，华瞻之留园，合称苏州四大名园，则予游者以易领会园林特征也。

造园如缀文，千变万化，不究全文气势立意，而仅务辞汇叠砌者，能有佳构乎？文贵乎气，气有阳刚阴柔之分，行文如此，造园又何独不然，割裂分散，不成文理，藉一亭一榭以斗胜，正今日所乐道之园林小品也。盖不通乎我国文化之特征，难于言造园之气息也。

南方建筑为棚，多敞口。北方建筑为窝，多封闭。前者原出巢居，后者来自穴处，故以敞口之建筑，配茂林修竹之景，园林之始，于此萌芽。园林以空灵为主，建筑亦起同样作用，故北国园林终逊南中。盖建筑以多门窗为胜，以封闭出之，少透漏之妙。而居人之室，更须有亲切之感，"众鸟欣有托，吾亦爱吾庐"，正咏此也。

小园若斗室之悬一二名画，宜静观。大园则如美术展览会之集大成，宜动观。故前者必含蓄耐人寻味，而后者设无吸引人之重点，必平淡无奇。园之功能因时代而变，造景亦有所异，名称亦随之不同，故以小公园、大公园（公园之公，系对私园而言）名之。解放前则可，今似多商榷，我曾建议是否皆须冠公字。今南通易狼山公园为北麓园，苏州易城东公园为东园，开封易汴京公园为汴园，似得风气之先。至于市园、郊园、平地园、山麓园、各具环境地势之特征，亦不能以等同之法设计之。

整修前人园林，每多不明立意。余谓对旧园有"复园"与"改园"二议。设若名园，必细征文献图集，使之复原，否则以己意为之，等于改园。正如装裱古画，其缺笔处，必以原画之笔法与设色续之，以成全璧。如用戈裕良之叠山法弥明人之假山，与以四王之笔法接石涛之山水，顿异旧观，真愧对古人，有损文物矣。若一般园林，颓败已极，残山剩水，犹可资用，以今人之意修改，亦无不可，姑名之曰"改园"。

我国盆栽之产生，与建筑具有密切之关系，古代住宅以院落天井组合而成，周以楼廊或墙垣，空间狭小，阳光较少，故吴下人家每以寸石尺树布置小景，点缀其间，往往见天不见日，或初阳煦照，一瞬即过，要皆能适植物之性，保持一定之温度与阳光，物赖以生，景供人观，东坡诗所谓："微雨止还作，小窗幽更妍。空庭不受日，草木自苍然。"最能得此神理。盖生活所需之必然产物，亦穷则思变，变则能通。所谓"适者生存"。今以开畅大园，置数以百计之盆栽，或置盈丈之乔木于巨盆中，此之谓大而无当。而风大日烈，蒸发过大，难保存活，亦未深究盆景之道而盲为也。

华丽之园难简；雅淡之园难深。简以救俗，深以补淡，笔简意浓，画少气壮。如晏殊诗："梨花院落溶溶月，柳絮池塘淡淡风。"艳而不俗，淡而有味，是为上品。皇家园林，过于繁缛，私家园林，往往寒俭，物质条件所限也。无过无不及，得乎其中。须割爱者能忍痛，须补添者无吝色。即下笔千钧，反复推敲。闺秀之画能脱脂粉气，释道之画能脱蔬笋气，少见者。刚以柔出，柔以刚现。扮书生而无穷酸相，演将帅而具台阁气，皆难能也。造园之理，与一切艺术无不息息相通。故余曾谓明代之园林，与当时之文学、艺术、戏曲，同一思想感情，而以不同形式出现之。

能品园，方能造园，眼高手随之而高，未有不辨乎味能为著食谱者。故造园一端，主其事者，学养之功，必超乎实际工作者。计成云："三分匠、七分主人。"言主其事者之重要，非污蔑工人之谓。今以此而批判计氏，实尚未读通计氏《园冶》也。讨论学术，扣以政治帽子，此风当不致再长矣。

★ 苏州怡园岁寒草堂

假假真真，真真假假。《红楼梦》大观园假中有真，真中有假，是虚构，亦有作者曾见之实物。是实物，又有参与作者之虚构。其所以迷惑读者正在此。故假山如真方妙，真山似假便奇，真人如造象，造象似真人，其捉弄人者又在此。造园之道，要在能"悟"，有终身事其业，而不解斯理者正多。甚矣!造园之难哉。园中立峰，亦存假中寓真之理，在品题欣赏上以感情悟物，且进而达人格化。

文学艺术作品言意境，造园亦言意境。王国维《人间词话》所谓境界也。对象不同，表达之方法亦异，故诗有诗境，词有词境，曲有曲境。“曲径通幽处，禅房花木深。”诗境也。“梦后楼台高锁，酒醒帘幕低垂。”词境也。“枯藤老树昏鸦，小桥流水人家。”曲境也。意境因情景不同而异，其与园林所现意境亦然。园林之诗情画意即诗与画之境界在实际景物中出现之。统名之曰意境。“景露则境界小，景隐则境界大”。“引水须随势，栽松不趁行。”“亭台到处皆临水，屋宇虽多不碍山。”“几个楼台游不尽，一条流水乱相缠。”此虽古人咏景说画之辞，造园之法适同，能为此，则意境自出。

园林叠山理水，不能分割言之，亦不可以定式论之，山与水相辅相成，变化万方。山无泉而若有，水无石而意存，自然高下，山水仿佛其中。昔苏州铁瓶巷顾宅艮庵前一区，得此消息。江南园林叠山，每以粉墙衬托，盖觉山石紧凑峥嵘，此粉墙画本也。若墙不存，则如一丘乱石，故今日以大园叠山，未见佳构者正在此。画中之笔墨，即造园之水石，有骨有肉，方称上品。石涛（道济）画之所以冠世，在于有骨有肉，

■ 南通狼山古刹园

笔墨具备。板桥（郑燮）学石涛有骨而无肉，重笔而少墨。盖板桥以书家作画，正如工程家构园，终少韵味。

建筑物在风景区或园林之布置，皆因地制宜，但主体建筑始终维持其南北东西平直方向。斯理甚简，而学者未明者正多。镇江金山、焦山、北固山三处之寺，布局各殊，风格终异。金山以寺包山，立体交通。焦山以山包寺，院落区分。北固以寺镇山，雄踞其巅。故同临长江，取景亦各览其胜。金山宜远眺。焦山在平览。而北固山在俯瞰。皆能对观上着眼，于建筑物布置上用力，各臻其美，学见乎斯。

苏州虎丘

山不在高，贵有层次；水不在深，妙于曲折。峰岭之胜，在于深秀。江南常熟虞山，无锡惠山，苏州上方山，镇江南郊诸山，皆多此特征。泰山之能为五岳之首者，就山水而言，以其有山有水。黄山非不美，终鲜巨瀑，设无烟云之出没，此山亦未能有今日之盛名。

风景区之路，宜曲不宜直，小径多于主道，则景幽而客散，使有景可寻、可游，有泉可听，有石可留，吟想其间。所谓“入山唯恐不深，入林唯恐不密”。山须登，可小立顾盼，故古时皆用磴道，亦符人类两足直立之本意，今易以斜坡，行路自危，与登之理相背。更以筑公路之法而修游山道，致使丘壑破坏，漫山扬尘，而游者集于道与飙轮争涂，拥挤可知，难言山屐之雅兴。西湖烟霞洞本由小径登山，今汽车达巅，其情无异平地之灵隐飞来峰前，真是“豁然开朗”，拍手叫好，从何处话烟霞耶?闻西湖诸山拟一日之汽车游程可毕，如是西湖将越来越小。此与风景区延长游览线之主旨相背，似欠明智。游兴、赶程，含义不同，游览宜缓，赶程宜速，今则适正倒置。孤立之山筑登山盘旋道，难见佳境，极易似毒蛇之绕颈，将整个之山数段分割，无耸翠之姿，高峻之态。证以西湖玉皇山与福州鼓山二道，可见轩轾。后者因山势重叠，故可掩拙。名山筑路千万慎重，如经破坏，景物一去不复返矣。千古功罪，待人评定。至于入山旧道，切宜保存，缓步登临，自有游客。泉者，山眼也。今若干著名风景地，泉眼已破，终难再活。趵突无声，九溪渐涸，此事非可等闲视之。开山断脉，打井汲泉，工程建设未与风景规划相配合，元气大伤，徒唤奈何。楼者，透也。园林造楼必空透。“画栋朝飞南浦云，珠帘暮卷西山雨。”境界可见。松者，鬆也。枝不能多，叶不能密，方见姿态。而刚柔互用，方见效果，杨柳必存老干，竹木必露嫩梢，皆反笔出之。今西湖白堤之柳，尽易新苗，老树无一存者，顿失前观。“全部肃清，彻底换班”，岂可用于治园耶?

风景区多茶室，必多厕所，后者实难处理。宜隐蔽之。今厕所皆饰以漏窗，宛若“园林小品”。余曾戏为打油诗：“我为漏窗频叫屈，而今花样上茅房”之句（我1953年刊《漏窗》一书，其罪在我）。漏窗功能泄景。厕所有何景可泄?曾见某处新建厕所，漏窗盈壁，其左刻石为“香泉”，其右刻石为“龙飞凤舞”，见者失笑。鄙意游览大风景区，宜设茶室，以解游人之渴。至于范围小之游览区，若西湖西泠印社、苏州网师园似可不必设置茶室，占用楼堂空间。而大型园林茶室有如宾馆餐厅，亦未见有佳构者，主次未分，本末倒置。如今风景区以园林倾向商店化，似乎游人游览就是采购物品。宜乎古刹成庙会，名园皆市肆。则“东篱为市井，有辱黄花矣”。园林局将成为商业局，此名之曰：“不务正业。”

浙中叠山重技而少艺，以洞见长，山类皆孤立，其佳者有杭州元宝街胡宅，学官巷吴宅，孤山文澜阁等处，皆尚能以水佐之。降及晚近，以平地叠山，中置一洞，上覆一平台，极简陋。此皆浙之东阳匠师所为。彼等非专攻叠山，原为水作之工，杭人称为阴沟匠者，鱼目混珠，以诒不识者。后因“洞多不吉”，遂易为小山花台，此入民国后之状也。从前叠山，有苏帮、宁（南京）帮、扬帮、金华帮、上海帮（后出，为宁、苏之混合体）。而南宋以后著名叠山师，则来自吴兴、苏州。吴兴称山匠，苏州称花园子，浙中又称假山师或叠山师，扬州称石匠，上海（旧松江府）称山师，名称不一。云间（松江）名手张涟、张然父子，人称张石匠，名动公卿间，张涟父子流寓京师，其后人承其业，即山子张也。要之，太湖流域所叠山，自成体系，而宁、扬又自一格，所谓苏北系统，其与浙东匠师皆各立门户，但总有高下之分。其下者就石论石，心存叠字，遑论相石选石，更不谈石之文理，专攻五日一洞，十日一山，摹拟真状，以大缩小，实假戏真做，有类儿戏矣。故云，叠石者，艺术也。

鉴定假山，何者为原构?何者为重修？应注意留心山之脚、洞之底，因低处不易毁坏，如一经重叠，新旧判然。再细审灰缝，详审石理，必渐能分晓，盖石缝有新旧，胶合品成分亦各异，石之包浆，斧凿痕迹，在在可佐证也。苏州留园，清嘉庆间刘氏重补者，以湖石接黄石，更判然明矣。而旧假山类多山石紧凑相挤，重在垫塞，功在平衡，一经拆动，涣然难收陈局。佳作必拼合自然，曲具画理，缩地有法，观其局部，复察全局，反复推敲，结论遂出。

近人但言上海豫园之盛，却未言明代潘氏宅之情况，宅与园仅隔一巷耳。潘宅在今园东安仁街梧桐路一带，旧时称安仁里。据叶梦珠《阅世编》所记："建第规模甲于海上，面照雕墙，宏开峻宇，重轩复道，几于朱邸，后楼悉以楠木为之，楼上皆施砖砌，登楼与平地无异。涂金染丹垩，雕刻极工作之巧。"以此建筑结构，证豫园当日之规模，甚相称也。惜今已荡然无存。

清初画家恽寿平（南田）《瓯香馆集》卷十二："壬戌八月客吴门拙政园，秋雨长林，致有爽气，独坐南轩，望隔岸横冈叠石峻嶒，下临清池，磵路盘纡，上多高槐、柽、柳、桧、柏，虬枝挺然，迥出林表，绕堤皆芙蓉，红翠相间，俯视澄明，游鳞可取，使人悠然有濠濮间趣。自南轩过艳雪亭，渡红桥而北，傍横冈循石间道，山麓尽处有堤通小阜，林木翳如，池上为湛华楼，与隔水回廊相望，此一园最胜地也。"壬戌为清康熙二十一年（1682年），南田五十岁时（生于明崇祯六年癸酉即1633年，死于清康熙二十九年庚午即1690年）所记，如此详实。南轩为倚玉轩，艳雪亭似为荷风四面亭。红桥即曲桥。湛华楼以地位观之，即见山楼所在，隔水回廊，与柳阴路曲一带出入亦不大。以画人之笔，记名园之景，修复者能悟此境界，固属高手，但"此歌能有几人知"，徒唤奈何。保园不易，修园更难。不修则已，一修惊人。余再重申研究园史之重要，以为此篇殿焉。曩岁叶恭绰先生赠余一联："洛阳名园（记），扬州画舫（录）；武林遗事，日下旧闻（考）。"以四部园林古迹之书目相勉，则余今之所作，岂徒然哉。

■ 吴江同里环翠山庄

说园（四）

一年漫游，触景殊多，情随事迁，遂有所感，试以管见论之，见仁见智，各取所需。书生谈兵，容无补于事实，存商而已。因续前三篇，故以《说园（四）》名之。

造园之学，主其事者须自出己见，以坚定之立意，出宛转之构思，成者誉之，败者贬之。无我之园，即无生命之园。

水为陆之眼，陆多之地要保水；水多之区要疏水。因水成景，复利用水以改善环境与气候。江村湖泽，荷塘菱沼，蟹簖渔庄，水上产物，不减良田，既增收入，又可点景。王士祯诗云：“江干都是钓人居，柳陌菱塘一带疏；好是日斜风定后，半江红树卖鲈鱼。”神韵天然，最是依人。

旧时城垣，垂杨夹道，杜若连汀，雉堞参差，隐约在望，建筑之美与天然之美交响成曲。王士祯诗云：“绿杨城郭是扬州”，今已拆，此景不可再得矣。故城市特征，首在山川地貌，而花木特色实占一地风光，成都之为蓉城，福州之为榕城，皆予游者以深刻之印象。

恽寿平论画：“青绿重色，为浓厚易，为浅淡难。为浅淡易，而愈见浓厚为尤难。”造园之道，正亦如斯。所谓实处求虚，虚中得实，淡而不薄，厚而不滞，存天趣也。今经营风景区园事者，破坏真山，乱堆假山，堵却清流，易置喷泉，抛却天然而善作伪。大好泉石，随意改观，如无喷泉未是名园者。明末钱澄之记黄檗山居（在桐城之龙眠山），论及：“吴中人好堆假山以相夸诩，而笑吾乡园亭之陋。予应之曰：‘吾乡有真山水，何以假为?唯任真、故失诸陋，洵不若吴人之工于作伪耳。’”又论此园：“彼此位置，各不相师，而各臻其妙，则有真山水为之质耳。”此论妙在拈出一个“质”字。

山林之美，贵于自然，自然者，存真而已。建筑物起“点景”作用，其与园林似有所别，所谓锦上添花，花终不能压锦也。宾馆之作，在于栖息小休，宜着眼于周围有幽静之境，能信步盘桓，游目骋怀，故室内外空间并互相呼应，以资流通，晨餐朝晖，夕枕落霞，坐卧其间，小中可以见大。反之，高楼镇山，汽车环居，喇叭彻耳，好鸟惊飞。俯视下界，豆人寸屋，大中见小，渺不足观，以城市之建筑，夺山林之野趣，徒令景色受损，游者扫兴而已。丘壑平如砥，高楼塞天地，此几成为目前旅游

■ 南京栖霞寺前园

风景区所习见者。闻更有欲消灭山间民居之举，诚不知民居为风景区之组成部分，点缀其间，楚楚可人，古代山水画中每多见之。余客瑞士，日内瓦山间民居，窗明几净，予游客以难忘之情。余意以为风景区之建筑，宜隐不宜显，宜散不宜聚，宜低不宜高，宜麓（山麓）不宜顶（山顶），须变化多，朴素中有情趣，要随宜安排，巧于因借，存民居之风格，则小院曲户，粉墙花影，自多情趣。游者生活其间，可以独处，可以留客，“城市山林”，两得其宜。明末张岱在《陶庵梦忆》中记范长白园（苏州天平山之高义园）云：“园外有长堤，桃柳曲桥，蟠屈湖面，桥尽抵园，园门故作低小，进门则长廊复壁，直达山麓，其绘楼幔阁，秘室曲房，故故匿之，不使人见也。”又毛大可《彤史拾遗记》记崇祯所宠之贵妃，扬州人。“尝厌宫闱过高迥，崇杠大牖，所居不适意，乃就廊房为低槛曲楯，蔽以敞槅，杂采扬州诸什器、床罩供设其中。”以证余创山居宾舍之议不谬。

园林与建筑之空间，隔则深，畅则浅，斯理甚明，故假山、廊、桥、花墙、屏、幕、槅扇、书架、博古架等，皆起隔之作用。旧时卧室用帐，碧纱橱，亦同样效果。日本居住之室小，席地而卧，以纸槅小屏分之，皆属此理。今西湖宾馆、餐厅，往往高大如宫殿，近建孤山楼外楼，体量且超颐和园之排云殿，不如易名太和楼则更名符其实矣。太和殿尚有屏隔之，有柱分之，而今日之大餐厅几等体育馆。风景区往往因建造一大宴会厅，开石劈山，有如兴建营房，真劳民伤财，遑论风景之存不存矣。旧时园林，有东西花厅之设，未闻有大花厅之举。大宾馆、大餐厅、大壁画、大盆景、大花瓶，以大为尚，真是如是如是，善哉善哉。

★ 苏州网师园看松读画轩

不到苏州，一年有奇，名园胜迹，时萦梦寐。近得友人王西野先生来信，谓：“虎丘东麓就东山庙遗址，正在营建盆景园，规模之大，无与伦比。按东山庙为王珣祠堂，亦称短簿祠，因珣身材短小，曾为主簿，后人戏称‘短簿’。清汪琬诗：‘家临绿水长洲苑，人在青山短簿祠。’陈鹏年诗：‘春风再扫生公石，落照仍衔短簿祠。’怀古情深，写景入画，传诵于世，今堆叠黄石大假山一座，天然景色，破坏无余。盖虎丘一小阜耳，能与天下名山争胜，以其寺里藏山，小中见大，剑池石壁，浅中见深，历代名流题咏殆遍，为之增色。今在真山面前堆假山，小题大做，弄巧成拙，足下见之，亦当扼腕太息，徒呼负负也。”此说与鄙见合，恐主其事者，不征文献，不谙古迹与名胜之史实，并有一“大”字在脑中作怪也。

★ 苏州沧浪亭爬山廊

风景区之经营，不仅安排景色宜人，而气候亦须宜人。今则往往重景观，而忽视局部小气候之保持，景成而气候变矣。七月间到西湖，园林局邀游金沙港，初夏傍晚，余热未消，信步入林，溽暑无存，水佩风来，几入仙境，而流水淙淙，绿竹猗猗，隔湖南山如黛，烟波出没，浅淡如水墨轻描，正有“独笑薰风更多事，强教西子舞霓裳”之概。我本湖上人家，却从未享此清福。若能保持此与外界气候不同之清凉世界，即该景区规划设计之立意所在，一旦破坏，虽五步一楼，十步一阁，亦属虚设，盖悖造园之理也。金沙港应属水泽园，故建筑、桥梁等均宜贴水，依水，映带左右，而茂林修竹，清风自引，气候凉爽，绿云摇曳，荷香轻溢，野趣横生。“黄茅亭子小楼台，料理溪山煞费才。”能配以凉馆竹阁，益显西子淡妆之美，保此湖上消夏一地，他日待我杖履其境，从容可作小休。

吴江同里镇，江南水乡之著者，镇环四流，户户相望，家家临河，因水成街，因水成市，因水成园。任氏退思园于江南园林中独辟蹊径，具贴水园之特例。山、亭、馆、廊、轩、榭等皆紧贴水面，园如浮水上。其与苏州网师园诸景依水而筑者，予人以不同景观，前者贴水，后者依水。所谓依水者，因假山与建筑物等皆环水而筑，唯与水之关系尚有高下远近之别，遂成贴水园与依水园两种格局。皆因水制宜，其巧妙构思则又有所别，设计运思，于此可得消息。余谓大园宜依水，小园重贴水，而最关键者则在水位之高低。我国园林用水，以静止为主，清许周

■ 南京栖霞寺放生池

生筑园杭州，名“鉴止水斋”，命意在此，源出我国哲学思想，体现静以悟动之辩证观点。

水曲因岸，水隔因堤，移花得蝶，买石饶云，因势利导，自成佳趣。山容水色，善在经营，中小城市有山水能凭藉者，能做到有山皆是园，无水不成景，城因景异，方是妙构。

济南珍珠泉，天下名泉也。水清浮珠，澄澈晶莹。余曾于朝曦中饮露观泉，爽气沁人，境界明静，奈何重临其地，已异前观，黄石大山，狰狞骇人，高楼环压，其势逼人，杜甫咏《望岳》“会当凌绝顶，一览众山小”之句，不意于此得之。山小楼大，山低楼高，溪小桥大，溪浅桥高。汽车行于山侧，飞轮扬尘，如此大观，真可说是不古不今，不中不西，不伦不类。造园之道，可不慎乎？

反之，潍坊十笏园，园甚小，故以十笏名之。清水一池，山廊围之，轩榭浮波，极轻灵有致。触景成咏：“老去江湖兴未阑，园林佳处说般般；亭台虽小情无限，别有缠绵水石间。”北国小园，能饶水石之胜者，以此为最。

泰山有十八盘，盘盘有景，景随人移，气象万千；至南天门，群山俯于脚下，齐鲁青青，千里未了，壮观也。自古帝王，登山封禅，翠华临幸，高山仰止。如易缆车，匆匆而来，匆匆而去，景游与货运无异。而破坏山景，固不待言。实不解登十八盘参玉皇顶而小天下宏旨。余尝谓旅与游之关系，旅须速，游宜缓，相背行事，有负名山。缆车非不可用，宜于旅，不宜于游也。

名山之麓，不可以环楼、建厂，盖断山之余脉矣。此种恶例，在在可见。新游南京燕子矶，栖霞寺，人不到景点，不知前有景区，序幕之曲，遂成绝响，主角独唱，鸦噪聒耳。所览之景，未允环顾。燕子矶仅临水一面尚可观外，余则黑云滚滚，势袭长江。坐石矶戏为打油诗："燕子燕子，何不高飞，久栖于斯，坐以待毙。"旧时胜地，不可不来，亦不可再来。山麓既不允建高楼工厂；而低平建筑却不能缺少，点缀其间，景深自幽，层次增多，亦远山无脚之处理手法。

近年风景名胜之区，与工业矿藏矛盾日益尖锐。取蛋杀鸡之事，屡见不鲜，如南京正在开幕府山矿石，取栖霞山之矿银。以有烟工厂而破坏无烟工厂，以取之可尽之资源，而竭取之不尽之资源，最后两败俱伤，同归于尽。应从长远观点来看，权衡轻重。深望主其事者切莫等闲视之。古迹之处应以古为主，不协调之建筑万不能移入。杭州北高峰与南京鼓楼之电浑若天成，而凉台邃阁，位置随宜，卉木轩窗，参错掩映，颇极林壑台榭之美。以张南垣（涟）之高技，其营园改作者再四，益证造园施工之重要，间亦必需要之翻工修改，必须留有余地。凡观名园，先论神气，再辨时代，此与鉴定古物，其法一也。然园林未有不经修者，故首观全局，次审局部，不论神气，单求枝节，谓之舍本求末，难得定论。

巨山大川，古迹名园，首在神气。五岳之所以为天下名山，亦在于"神气"之旺。今规划风景，不解"神气"，必至庸俗低级，有污山灵。尝见江浙诸洞，每以自然抽象之山石，改成恶俗之形象，故余屡称"还我自然"。此仅一端，人或尚能解之者；它若大起华厦，畅开公路，空悬索道，高树电塔，凡兹种种，山水神气之劲敌也，务必审慎，偶一不当，千古之罪人矣。

园林因地方不同，气候不同，而特征亦不同。园林有其个性，更有其地方性，故产生园林风格，亦因之而异。即使同一地区，亦有市园、郊园、平地园、山麓园等之别。园与园之间，亦不能强求一律，而各地文化艺术、风土人情、树木品异、山水特征等等，皆能使园变化万千，如何运用，各臻其妙者，在于设计者之运思。故言造园之学，其识不可不广，其思不可不深。

恽寿平论画云："潇洒风流谓之韵，尽变奇穷谓之趣。"不独画然，造园置景，亦可互参。今之造园，点景贪多，便少韵致。布局贪大，便少佳趣，韵乃自书卷中得来，趣必从个性表现。一年游踪所及，评量得失，如此而已。

■ 苏州狮子林

说园（五）

《说园》首篇余既阐造园动观静观之说，意犹未尽，续畅论之。动静二字，本相对而言，有动必有静，有静必有动，然而在园林景观中，静寓动中，动由静出，其变化之多，造景之妙，层出不穷，所谓通其变，遂成天下之文。若静坐亭中，行云流水，鸟飞花落，皆动也。舟游人行，而山石树木，则又静止者。止水静，游鱼动，静动交织，自成佳趣。故以静观动，以动观静，则景出。“万物静观皆自得，四时佳景与人同。”事物之变，概乎其中。若园林无水、无云、无影、无声、无朝晖、无夕阳，则无以言天趣，虚者，实所倚也。

苏州耦园

吴江同里退思园

静之物，动亦存焉。坐对石峰，透漏具备，而皴法之明快，线条之飞俊，虽静犹动。水面似静，涟漪自动。画面似静，动态自现。静之物若无生意，即无动态。故动观静观，实造园产生效果之最关键处，明乎此，则景观之理得初解矣。

质感存真，色感呈伪，园林得真趣，质感居首，建筑之佳者，亦有斯理，真则存神，假则失之。园林失真，有如布景。书画失真，则同印刷。故画栋雕梁，徒眩眼目。竹篱茅舍，引人遐思。《红楼梦》"大观园试才题对额"一回，曹雪芹借宝玉之口，评稻香村之作伪云："此处置一田庄，分明是人力造作而成。远无邻村，近不负郭，背山无脉，临水无源，高无隐寺之塔，下无通市之桥，峭然孤出，似非大观，那及先处（指潇湘馆）有自然之理，得自然之趣呢?虽种竹引泉，亦不伤穿凿。古人云：'天然图画'四字，正恐非其地而强为其地，非其山而强为其山，即百般精巧，终非相宜。"所谓"人力造作"，所谓"穿凿"者，伪也。所谓"有自然之理，得自然之趣"者，真也。借小说以说园，可抵一篇造园论也。

郭熙谓："水以石为面"，"水得山而媚"，自来模山范水，未有孤立言之者。其得山水之理，会心乎此，则左右逢源。要之此二语，表面观之似水石相对，实则水必赖石以变。无石则水无形、无态，故浅水露矶，深水列岛。广东肇庆七星岩，岩奇而水美，矶濑隐现波面，而水洞幽深，水湾曲折，水之变化无穷，若无水，则岩不显，岸无形。故两者决不能分割而论，分则悖自然之理，亦失真矣。

一园之特征，山水相依，凿池引水，尤为重要。苏南之园，其池多曲，其境柔和。宁绍之园，其池多方，其景平直。故水本无形，因岸成之，平直也好，曲折也好，水口堤岸皆构成水面形态之重要手法。至于水柔水刚，水止水流，亦皆受堤岸以左右之。石清得阴柔之妙，石顽得阳刚之健，浑朴之石，其状在拙；奇突之峰，其态在变，而丑石在诸品中尤为难得，以其更富于个性，丑中寓美也。石固有刚柔美丑之别，而水亦有奔放宛转之致，是皆因石而起变化。

荒园非不可游，残篇非不可读，须知佳者虽零锦碎玉亦是珍品，犹能予人留恋，存其珍耳。龚自珍诗云："未济终焉心飘渺，万事都从缺陷好；吟到夕阳山外山，世间难免余情绕。"造园亦必通此消息。

★ 扬州小盘谷桃形门

“春见山容，夏见山气，秋见山情，冬见山骨。”“夜山低，晴山近，晓山高。”前人之论，实寓情观景，以见四时之变。造景自难，观景不易。“泪眼问花花不语”，痴也。“解释春风无限恨”，怨也。故游必有情，然后有兴，钟情山水，知己泉石，其审美与感受之深浅，实与文化修养有关。故我重申：不能品园，不能游园。不能游园，不能造园。

造园综合性科学、艺术也，且包含哲理，观万变于其中。浅言之，以无形之诗情画意，构有形之水石亭台，晦明风雨，又皆能促使其景物变化无穷，而南北地理之殊，风土人情之异，更加因素增多。且人游其间，功能各取所需，绝不能从幻想代替真实，故造园脱离功能，固无佳构；究古园而不明当时社会及生活，妄加分析，正如汉儒释经，转多穿凿。因此，古今之园，必不能陈陈相因，而丰富之生活，渊博之知识，要皆有助于斯。

一景之美，画家可以不同笔法表现之，文学家可以不同角度描写之。演员运腔，各抒其妙，哪宗哪派，自存面貌。故同一园林，可以不同手法设计之，皆由观察之深，提炼之精，特征方出。余初不解宋人大青绿山水以朱砂作底，色赤，上敷青绿，追游中原嵩山，时值盛夏，土色皆红，所被草木尽深绿色，而楼阁参差，金碧辉映，正大小李将军之山水也。其色调皆重厚，色度亦相当，绚烂夺目。中原山川之神乃出。而江南淡青绿山水，每以赭石及草青打底，轻抹石青石绿，建筑勾勒间架，衬以淡赭，清新悦目，正江南园林之粉本。故立意在先，协调从之，自来艺术手法一也。

★ 苏州网师园殿春簃

余尝谓苏州建筑与园林，风格在于柔和，吴语所谓“糯”。扬州建筑与园林，风格则多雅健。如宋代姜夔词，以“健笔写柔情”，皆欲现怡人之园景，风格各异，存真则一。风格定始能言局部单体，宜亭斯亭，宜榭斯榭。山叠何派，水引何式，必须成竹在胸，才能因地制宜，借景有方，亦必循风格之特征，巧妙运用之。选石择花，动静观赏，均有所据，故造园必以极镇静而从容之笔，信手拈来，自多佳构。所谓以气胜之，必整体完整矣。

余闽游观山，秃峰少木，石形外露，古根盘曲，而山势山貌毕露，分明能辨何家山水，何派皴法，能于实物中悟画法，可以画法来证实物。而闽溪水险，矶漱激湍，凡此琐琐，皆叠山极好之祖本。它如皖南徽州、浙东方岩之石壁，画家皴法，方圆无能。此种山水皆以皴法之不同，予人以动静感觉之有别，古人爱石、面壁，皆参悟哲理其中。

填词有“过片(变)”(亦名“换头”)，即上半阕与下半阕之间，词与意必须若接若离，其难在此。造园亦必注意“过片”，运用自如，虽千顷之园，亦气势完整，韵味隽永。曲水轻流，峰峦重叠，楼阁掩映，木仰花承，皆非孤立。其间高低起伏，闿畅逶迤，处处皆有“过片”，此过渡之笔在乎各种手法之适当运用。即如楼阁以廊为过渡，溪流以桥为过渡。色泽由绚烂而归平淡，无中间之色不见调和，画中所用补笔接气，皆为过渡之法，无过渡则气不贯、园不空灵。虚实之道，在乎过渡得法。如是，则景不尽而韵无穷，实处求虚，正曲求余音，琴听尾声，要于能察及次要，而又重于主要，配角有时能超于主角之上者。“江流天地外，山色有无中。”贵在无胜于有也。

★ 扬州个园水亭

城市必须造园，此有关人民生活，欲臻其美，妙在“借”“隔”，城市非不可以借景，若北京三海，借景故宫，嵯峨城阙，杰阁崇殿，与李格非《洛阳名园记》所述：“以北望则隋唐宫阙楼殿，千门万户，岧峣璀璨，延亘十余里，凡左太冲十余年极力而赋者，可瞥目而尽也。”但未

■ 苏州沧浪园

■ 吴江同里环翠山庄

■ 吴江退思园

■ 海盐猗园

闻有烟囱近园，厂房为背景者。有之，唯今日之苏州拙政园，耦园，已成此怪状，为之一叹。至若能招城外山色，远寺浮屠，亦多佳例。此一端在“借”。而另一端在“隔”。市园必隔，俗者屏之。合分本相对而言，亦相辅而成，不隔其俗，难引其雅，不掩其丑，何逞其美。造景中往往有能观一面者有能观两面者，在乎选择得宜。上海豫园萃秀堂，乃尽端建筑，厅后为市街，然面临大假山，深隐北麓，人留其间，不知身处市嚣中，仅一墙之隔，判若仙凡，隔之妙可见。故以隔造景，效果始出。而园之有前奏，得能渐入佳境，万不可率尔从事，前述过渡之法，于此须充分利用。江南市园，无不皆存前奏。今则往往开门见山，唯恐人不知其为园林。苏州怡园新建大门，即犯此病，沧浪亭虽属半封闭之园，而园中景色，隔水可呼，缓步入园，前奏有序，信是成功。

旧园修复，首究园史，详勘现状，情况彻底清楚，对山石建筑等作出年代鉴定，特征所在，然后考虑修缮方案。如裱古画接笔须反复揣摩，其难有大于创作，必再三推敲，审慎下笔。其施工程序，当以建筑居首，木作领先，水作为辅，大木完工，方可整池、修山、立峰，而补树添花，有时须穿插行之，最后铺路修墙。油漆悬额，一园乃成，唯待家具之布置矣。

造园可以遵古为法，亦可以洋为师，两者皆不排斥。古今结合，古为今用，亦势所必然，若境界不究，风格未求，妄加抄袭拼凑，则非所取。故古今中外，造园之史，构园之术，来龙去脉，以及所形成之美学思想，历史文化条件，在在须进行探讨，然后文有据，典有征，古今中外运我笔底，则为尚矣。古人云：“临画不如看画，遇古人真本，向上研求，视其定意若何，偏正若何，安放若何，用笔若何，积墨若何，必于我有出一头地处，久之自然吻合矣。”用功之法，足可参考。日本明治维新之前，学习中土，明治维新后效法欧洲，近又模仿美国，其建筑与园林，总表现大和民族之风格，所谓有“日本味”。此种现状，值得注意。至于历史之研究自然居首重地位，试观其图书馆所收之中文书籍，令人瞠目，即以《园冶》而论，我国亦转录自东土。继以欧美资料亦汗牛充栋，而前辈学者，如伊东忠太、常盘大定、关野贞等诸先生，长期调查中国建筑，所为著作，至今犹存极高之学术地位，真表现其艰苦结实之治学态度与方法，以抵于成，在得力于收集之大量直接与间接资料，由博反约。他山之石，可以攻玉。园林重“借景”，造园与为学又何独不然。

园林言虚实，为学亦若是。余写《说园》，连续五章，虽洋洋万言，至此江郎才尽矣。半生湖海，踏遍名园，成此空论，亦自实中得之。敢贡己见，求教于今之方家。老去情怀，期有所得，当秉烛赓之。

上海豫园

扬州个园水亭

苏州园林概述

一

我国园林，如从历史上溯源的话，当推古代的囿与园，以及《汉制考》上所称的苑。《周礼天官大宰》："九职二曰园圃，毓草林。"《地官囿人》："掌囿游之兽禁，牧百兽。"《地官充人》："以场圃任园地。"《说文》："囿，苑有垣也。一曰禽兽有囿。圃，种菜曰圃。园，所以种果也。苑，所以养禽兽也。"据此则囿、园、苑的含意已明。我们知道稀韦的囿，黄帝的圃，已开囿圃之端。到了三代，苑囿专为狩猎的地方，例如周姬昌（文王）的囿，刍荛雉兔，与民同利。秦汉以后，园林渐渐变为统治者游乐的地方，兴建楼馆，藻饰华丽了。秦嬴政（始皇）筑秦宫，跨渭水南北，覆压三百里。汉刘彻（武帝）营上林苑、"甘泉苑"，以及建章宫北的太液池，在历史的记载上都是范围很大的。其后刘武（梁孝王）的"兔园"，开始了叠山的先河。魏曹丕（文帝）更有"芳林园"。隋杨广（炀帝）造西苑。唐李漼（懿宗）于苑中造山植木，建为园林。北宋赵佶（徽宗）之营"艮岳"，为中国园林之最著于史籍者。宋室南渡，于临安（杭州）建造玉津、聚景、集芳等园。元忽必烈（世祖）因辽金琼华岛为万岁山太液池。明清以降除踵前遗规外，并营建西苑、南苑，以及西郊畅春、清漪、圆明等诸园，其数目视前代更多了。

■ 湖州南浔嘉业堂

私家园林的发展，汉代袁广汉于洛阳北邙山下筑园，东西四里，南北五里，构石为山，复蓄禽兽其间，可见其规模之大了。梁冀多规苑囿，西至弘农，东至荥阳，南入鲁阳，北到河淇，周围千里。又司农张伦造景阳山，其园林布置有若自然。可见当时园林在建筑艺术上已有很高的造诣了。尚有茹皓，吴人，采北邙及南山佳石，复筑楼馆列于上下，并引泉莳花，这些都以人工代天巧。魏晋六朝这个时期，是中国思想史上大转变的时代，亦是中国历史上战争最频繁的时代，士大夫习于服食，崇尚清谈，再兼以佛学昌盛，于是礼佛养性，遂萌出世之念，虽居城市，辄作山林之想。在文学方面有咏大自然的诗文，绘画方面有山水画的出现，在建筑方面就在宅第之旁筑园了。石崇在洛阳建金谷园，从其《思归引序》来看，其设计主导思想是"避嚣烦""寄情赏"。再从《梁书·萧统传》、徐勉《戒子嵩书》、庾信《小园赋》等来看，他们的言论亦不外此意。唐代如宋之问的蓝田别墅、李德裕的平泉别墅、王维的辋川别业，皆有竹洲花坞之胜，清流翠筱之趣，人工景物，仿佛天成。而自居易的草堂，尤能利用自然，参合借景的方法。宋代李格非《洛阳名园记》、周密《吴兴园林记》，前者记北宋时所存隋唐以来洛阳名园如富郑公园等，后者记南宋吴兴园林如沈尚书园等。记中所述，几与今日所见园林无甚二致。明清以后，园林数目远迈前代，如北京勺园、漫园，扬州影园、九峰园、个园，海宁安澜园，杭州小有天园，以及明王世贞《游金陵诸园记》所记东园等，其数不胜枚举。今存者如杭州皋园，南浔适园、宜园、小莲庄，上海豫园，常熟燕园，南翔古猗园，无锡寄畅园等，为数尚多，而苏州又为各地之冠。如今我们来看看苏州园林在历史上的发展。

★ 常熟燕园

二

苏州在政治经济文化上，远在春秋时的吴，已经有了基础，其后在两汉、两晋又逐渐发展。春秋时吴之梧桐园，以及晋之顾辟疆园，已开苏州园林的先声。六朝时江南已为全国富庶之区，扬州、南京、苏州等处的经济基础，到后来形成有以商业为主，有以丝织品及手工业为主，有为官僚地主的消费城市。苏州就是手工业重要产地兼官僚地主的消费城市。

我们知道，六朝以还，继以隋代杨广（炀帝）开运河，促使南北物资交流；唐以来因海外贸易，江南富庶视前更形繁荣。唐末中原诸省战争频繁，受到很大的破坏，可是南唐吴越范围，在政治上、经济上尚是小康局面，因此有余力兴建园林，宋时苏州朱长文因吴越钱氏旧园而筑乐圃，即是一例。北宋江南上承南唐、吴越之旧，地方未受干戈，经济上没有受重大影响，园林兴建不辍。及赵构（高宗）南渡，苏州又为平江府治所在，赵构曾一度“驻跸”于此，王唤营平江府治，其北部凿池构亭，即使官衙亦附以园林。其时土地兼并已甚，豪门巨富之宅，其园

★ 常熟燕园

★ 常熟赵园

林建筑不言可知了。故两宋之时，苏州园林著名者，如苏舜钦就吴越钱氏故园为沧浪亭，梅宣义构五亩园，朱长文筑乐园，而朱勔为赵佶营艮岳外，复自营同乐园，皆较为著的。元时江浙仍为财富集中之地，故园林亦有所兴建，如狮子林即其一例。迨入明清，土地兼并之风更甚，而苏州自唐宋以来已是丝织品与各种美术工业品的产地，又为地主官僚的集中地，并且由科举登第者最多，以清一代而论，状元之多为全国冠。这些人年老归家，购田宅，设巨肆，除直接从土地上剥削外，再从商业上经营盘剥，以其所得大建园林以娱晚境。而手工业所生产，亦供若辈使用。其经济情况大略如此。它与隋唐洛阳、南宋吴兴、明代南京，是同样情况的。

除了上述情况之外，在自然环境上，苏州水道纵横，湖泊罗布，随处可得泉引水，兼以土地肥沃，花卉树木易于繁滋。当地产石，除尧峰山外，洞庭东西二山所产湖石，取材便利。距苏州稍远的如江阴黄山、宜兴张公洞、镇江圌山、大岘山、句容龙潭、南京青龙山、昆山、马鞍山等所产，虽不及苏州为佳，然运材亦便。而苏州诸园之选峰择石，首推湖石，因其姿态入画，具备造园条件。《宋书戴颙传》："颙出居吴下，士人共为筑室，聚石引水植林开涧，少时繁密，有若自然。"即其一例。其次，苏州为人文荟萃之所，诗文书画人才辈出，士大夫除自出新意外，复利用了很多门客，如《吴风录》载："朱勔子孙居虎丘之麓，以种艺选石为业，游于王侯之门，俗称花园子。"又周密《癸辛杂识》云：

苏州园林

门、窗、旱舫

“工人特出吴兴，谓之山匠，或亦朱勔之遗风。”既有人为之策划，又兼有巧匠，故自宋以来造园家如俞澂、陆叠山、计成、文震亨、张涟、张然、叶洮、李渔、仇好石、戈裕良等，皆江浙人。今日叠石匠师出南京、苏州、金华三地，而以苏州匠师为首，是有历史根源的。但士大夫固然有财力兴建园林，然《吴风录》所载，“虽闾阎下户亦饰小山盆岛为玩”，这可说明当地人民对自然的爱好了。

苏州园林在今日保存者为数最多，且亦最完整，如能全部加以整理，不啻是个花园城市。故言中国园林，当推苏州了，我曾经称誉云：“江南园林甲天下，苏州园林甲江南。”这些园林我经过五年的调查踏勘，复曾参与了修复工作，前夏与今夏又率领同济大学建筑系的同学作教学实习，主要对象是古建筑与园林，逗留时间较久，遂以测绘与摄影所得，利用拙政园、留园两个最大的园作例，略略加以说明一些苏州园林在历史上的发展，与设计方面的手法，供大家研究。其他的一些小园林，有必要述及的，亦一并包括在内。

三

拙政园：拙政园在娄齐二门间的东北街。明嘉靖时（1522—1566年）王献臣因大宏寺废地营别墅，是此园的开始。“拙政”二字的由来，是用潘岳“拙者之为政”的意思。后其子以赌博负失，归里中徐氏。清初属海宁陈之遴，陈因罪充军塞外，此园一度为驻防将军府，其后又为兵备道馆。吴三桂婿王永宁亦曾就居于此园。后没入公家，康熙初改苏松常道新署，其后玄烨（康熙）南巡，也来游到此。苏松常道缺裁，散为民居。乾隆初归蒋棨，易名复园。嘉庆中再归海宁查世倓，复归平湖吴璥。迨太平天国克复苏州，又为忠王府的一部分。太平天国失败，为清政府所据。同治十年（1871年）改为八旗奉直会馆，仍名拙政园。西部归张履谦所有，易名补园。解放后已合而为一。

★ 扬州个园

拙政园的布局主题是以水为中心。池水面积约占总面积五分之三，主要建筑物十之八九皆临水而筑。文徵明《拙政园记》："郡城东北界娄齐门之间，居多隙地，有积水亘其中，稍加浚治，环以林木。……"据此可以知道是利用原来地形而设计的，与明末计成《园冶》中《相地》一节所说"高方欲就亭台，低凹可开池沼……"的因地制宜方法相符合。故该园以水为主，实有其道理在。在苏州不但此园如此，阔阶头巷的网师园，水占全园面积达五分之四。平门的五亩园亦池沼逶迤，望之弥然，莫不利用原来的地形而加以浚治的。景德路环秀山庄，乾隆间蒋楫凿池得泉，名"飞雪"，亦是解决水源的好办法。

★ 扬州片石山房假山

园可分中、西、东三部，中部系该园主要部分，旧时规模所存尚多，西部即张氏"补园"，已大加改建，然布置尚是平妥。东部为明王心一归田园居，久废，正在重建中。

中部远香堂为该园的主要建筑物，单檐歇山面阔三间的四面厅，从厅内通过窗棂四望，南为小池假山，广玉兰数竿，扶疏接叶，云墙下古榆依石，幽竹傍岩，山旁修廊曲折，导游者自园外入内。似此的布置不但在进门处可以如入山林，而坐厅南望亦有山如屏，不觉有显明的入口，它与住宅入口处置内照壁，或置屏风等来作间隔的方法，采用同一的手法。东望绣绮亭，西接倚玉轩，北临荷池，而隔岸雪香云蔚亭与待霜亭突出水面小山之上。游者坐此厅中，则一园之景可先窥其轮廓了。以此厅为中心的南北轴线上，高低起伏，主题突出。而尤以池中岛屿环以流水，掩以丛竹，临水湖石参差，使人望去殊多不尽之意，仿佛置身于天然池沼中。从远香堂缘水东行，跨倚虹桥，桥与阑皆甚低，系明代旧构。越桥达倚虹亭，亭倚墙而作，仅三面临空，故又名东半亭。向北达梧竹幽居，亭四角攒尖，每面辟一圆拱门。此处系中部东尽头，从二道圆拱门望池中景物，如入环中，而隔岸极远处的西半亭隐然在望。是亭内又为一圆拱门，倒映水中，所谓别有洞天以通西部的。亭背则北寺塔耸立云霄中，为极妙的借景。左顾远香堂、倚玉轩及香洲等，右盼两岛，前者为华丽的建筑群，后者为天然图画。刘师敦桢云："此为园林设计上运用最好的对比方法。"根据实际情况，东西二岸水面距离并不太大，然而看去反觉深远特甚。设计时在水面隔以梁式石桥，逶迤曲折，人们视线从水面上通过石桥才达彼岸。两旁一面是人工华丽的建筑，一面是天然苍翠的小山，二者之间水是修长的，自然使人们感觉更加深远与扩大。对岸老榆傍岸，垂杨临水，其间一洞窈然，楼台画出，又别有天地了。从梧竹幽居经三曲桥，小径分歧，屈曲循道登山，达巅为待霜亭，亭六角，翼然出丛竹间。向东襟带绿漪亭，西则复与长方形的雪香云蔚亭相呼应。此岛平面为三角形，与雪香云蔚亭一岛椭圆形者有别，二者之间一溪相隔，溪上覆以小桥，其旁幽篁丛出，老树斜依，而清流涓涓，宛若与树上流莺相酬答，至此顿忘尘嚣。自雪香云蔚亭而下，便到荷风四面亭。亭亦六角，居三路之交点，前后皆以曲桥相贯，前通倚玉轩而后达见山楼及别有洞天。经曲廊名柳荫路曲者达见山楼，楼为重檐歇山顶，以假山构成云梯，可导至楼层。是楼位居中部西北之角，因此登楼远望，其至四周距离较大，所见景物亦远，如转眼北眺，则城偎景物，又瞬入眼帘了。此种手法，在中国园林中最为常用，如中由吉巷半园用五边形亭，狮子林用扇面亭，皆置于角间略高的山巅。至于此园面积较大，而积水弥漫，建一重楼，但望去不觉高耸凌云，而水间倒影清澈，尤增园林景色。然在设计时，应注意其立面线脚，宜多用横线，与水面取得平行，以求统一。香洲俗呼"旱船"，形似船而不能行水者。入舱置一大镜，故从倚玉轩西望，镜中景物，真幻莫辨。楼上名澂观楼，亦宜眺远。向南为得真亭，内置一镜，命意与前同。是区水面狭长，上跨石桥名小飞虹，将水面划分为二。其南水榭三间，名小沧浪，亦跨水上，又将水面再度划分。二者之下皆空，不但不觉其局促，反觉面积扩大，空灵异常，层次渐多了。人们视线从小沧浪穿小飞虹及一庭秋月啸松风亭，水面极为辽阔，而荷风四面亭倒影、香洲侧影、远山楼角皆先后入眼中，真有从小窥大，顿觉开朗的样子。枇杷园在远香堂东南，以云墙相隔。通月门，则嘉实亭与玲珑馆分列于前，复自月门回望雪香云蔚亭，如在环中，此为最好的对景。我们坐园中，垣外高槐亭台，移置身前，为极好的借景。园内用鹅子石铺地，雅洁异常，惜沿

玉玲珑

瑞云峰

冠云峰

绉云峰

■ 江南园林奇石

墙假山修时已变更原形，而云墙上部无收头，转折又略嫌生硬。从玲珑馆旁曲廊至海棠春坞，屋仅面阔二间，阶前古树一木，海棠一树，佳石一二，近屋回以短廊，漏窗外亭阁水石隐约在望，其环境表面上看来是封闭的，而实际是处处通畅，面面玲珑，置身其间，便感到密处有疏，小处现大，可见设计手法运用的巧妙了。

西部与中部原来是不分开的，后来一园划分为二，始用墙间隔，如今又合而为一，因此墙上开了漏窗。当其划分时，西部欲求有整体性，于是不得不在小范围内加工，沿水的墙边就构了水廊。廊复有曲折高低的变化，人行其上，宛若凌波。是苏州诸园中之游廊极则。卅六鸳鸯馆与十八曼陀罗花馆系鸳鸯厅，为西部主要建筑物，外观为歇山顶，面阔三间，内用卷棚四卷，四隅各加暖阁，其形制为国内唯一孤例。此厅体积似乎较大，其因实由于西部划分后，欲成为独立的单位，此厅遂为主要建筑部分，在需要上不能不建造。但碍于地形，于是将前部空间缩小，后部挑出水中，这虽然解决了地位安顿问题，但卒使水面变狭与对岸之山距离太近，陆地缩小，而本身又觉与全园不称，当然是美中不足处。此厅为主人宴会与顾曲之处，因此在房屋结构上，除运用卷棚顶以增加演奏效果外，其四隅之暖阁，既解决进出时风击问题，复可利用为宴会时仆从听候之处，演奏时暂作后台之用，设想上是相当周到。内部的装修精致，与留听阁同为苏州少见的。至于初春十八曼陀罗花馆看宝朱山茶花，夏日卅六鸳鸯馆看鸳鸯于荷蕖间，宜乎南北各置一厅。对岸为浮翠阁，八角二层，登阁可鸟瞰全园，惜太高峻，与环境不称。其下隔溪小山上置二亭，即笠亭与扇面亭。亭皆不大，盖山较低小，不得不使然。扇亭位于临流转角，因地而设，宜于闲眺，故颜其额为“与谁同坐轩”。亭下为修长流水，水廊缘边以达倒影楼。楼为歇山顶，高二层，与六角攒尖的宜两亭遥遥相对，皆倒影水中，互为对景。鸳鸯厅西部之溪流中，置塔影亭，它与其北的留听阁，同样在狭长的水面二尽头，而外观形式亦相仿佛，不过地位视前二者为低，布局与命意还是相同的。塔影亭南，原为补园入口以通张宅的，今已封闭。

东部久废，刻在重建中，从略。

留园：在阊门外留园路，明中叶为徐泰时“东园”，清嘉庆间（1800年左右）刘恕重建，以园中多白皮松，故名“寒碧山庄”，又称“刘园”。

园中旧有十二峰，为太湖石之上选。光绪二年（1876年）间归盛康，易名留园。园占地五十市亩，面积为苏州诸园之冠。

是园可划分为东西中北四部。中部以水为主，环绕山石楼阁，贯以长廊小桥。东部以建筑为主，列大型厅堂，参置轩齐，间列立峰斧劈，在平面上曲折多变。西部以大假山为主，漫山枫林，亭榭一二，南面环以曲水，仿晋人武陵桃源。是区与中部以云墙相隔，红叶出粉墙之上，望之若云霞，为中部最好的借景。北部旧构已毁，今又重辟，平淡无足观，从略。

中部：入园门经二小院至绿荫，自漏窗北望，隐约见山池楼阁片断。向西达涵碧山房三间，硬山造，为中部的主要建筑。前为小院，中置牡丹台，后临荷池。其左明瑟楼倚涵碧山房而筑，高二层，屋顶用单面歇山，外观玲珑，由云梯可导至二层。复从涵碧山房西折上爬山游廊，登“闻木樨香轩”，坐此可周视中部，尤其东部之曲谿楼、清风池馆、汲古得绠处及远翠阁等参差前后、高下相呼的诸楼阁，掩映于古木奇石之间。南面则廊屋花墙，水阁联续，而明瑟楼微突水面，涵碧山房之凉台再突水面，层层布局，略作环抱之势。楼前清水一池，倒影历历在目。自闻木樨香轩向北东折，经游廊，达远翠阁。是阁位置于中部东北角，其用意与拙政园见山楼相同，不过一在水一在陆，又紧依东部，隔花墙为东部最好的借景。小蓬莱宛在水中央，濠濮亭列其旁，皆几与水平。如此对比，容易显山之峻与楼之高。曲谿楼底层西墙皆列砖框、漏窗，游者至此，感觉处处邻虚，移步换影，眼底如画。而尤其举首西望，秋时枫林如醉，衬托于云墙之后，其下高低起伏若波然，最令人依恋不已。北面为假山，可亭六角出假山之上，其后则为长廊了。

东部主要建筑物有二：其一五峰仙馆（楠木厅），面阔五间，系硬山造。内部装修陈设，精致雅洁，为江南旧式厅堂布置之上选。其前后左右，皆有大小不等的院子。前后二院皆列假山，人坐厅中，仿佛面对岩壑。然此法为明计成所不取，《园冶》云：“人皆厅前

★ 苏州环秀山庄

掇山，环堵中耸起高高三峰，排列于前，殊为可笑。”此厅列五峰于前，似觉太挤，了无生趣。而计成认为，在这种情况下，应该是“以予见或有嘉树稍点玲珑石块，不然墙中嵌埋壁岩，或顶植卉木垂萝，似有深境也。”我觉得这办法是比较妥善多了。后部小山前，有清泉一泓，境界至静，惜源头久没，泉呈时涸时有之态。山后沿墙绕以回廊，可通左右前后。游者至此，偶一不慎，方向莫辨。在此小院中左眺远翠阁，则隔院楼台又炯然在目，使人益觉该园之宽大。其旁汲古得绠处，小屋一间，紧依五峰仙馆，入内则四壁皆虚，中部景物又复现眼前。其与五峰仙馆相联接处的小院，中植梧桐一树，望之亭亭如盖，此小空间的处理是极好的手法。还我读书处与揖峰轩都是两个小院，在五峰仙馆的左邻，是介于与林泉耆硕之馆中间，为二大建筑物中之过渡。小院绕以回廊，间以砖框。院中安排佳木修竹，萱草片石，都是方寸得宜，楚楚有致，使人有静中生趣之感，充分发挥了小院落的设计手法，而游者至此往往相失。由揖峰轩向东为林泉耆硕之馆，俗呼鸳鸯厅，装修陈设极尽富丽。屋面阔五间，单檐歇山造，前后二厅，内部各施卷棚，主要一面向北，大木梁架用“扁作”，有雕刻，南面用“圆作”，无雕刻。厅北对冠云沼，冠云，岫云，朵云三峰以及冠云亭、冠云楼。三峰为明代旧物，苏州最大的湖石。冠云峰后侧为冠云亭、亭六角、倚玉兰花下。向北登云梯上冠云楼，虎丘塔影，阡陌平畴，移置窗前了。伫云庵与冠云台位于沼之东西。从冠云台入月门，乃佳晴喜雨快雪之亭。亭内楠木槅扇六扇，雕刻甚精。惜是亭面西，难免受阳光风露之损伤。东园一角为新辟，山石平淡无奇，不足与旧构相颉颃了。

西部园林以时代而论，似为明“东园”旧规，山用积土，间列黄石，犹是李渔所云：“小山用石，大山用土”的老办法，因此漫山枫树得以滋根。林中配二亭：一为舒啸亭，系圆攒尖；一为至乐亭，六边形，系仿天平山范祠御碑亭而略变形的，在苏南还是创见。前者隐于枫林间，后者据西北山腰，可以上下眺望。南环清溪，植桃柳成荫，原期使人至此有世外之感，但有意为之，顿成做作。以人工胜天然，在园林中实是不易的事。溪流终点，则为活泼泼的，一阁临水，水自阁下流入，人在阁中，仿佛跨溪之上，不觉有尽头了。唯该区假山，经数度增修，殊失原态。

■ 庭前玉兰、桂花，谐音“玉堂富贵”

北部旧构已毁，今新建，无亭台花木之胜。

四

江南园林占地不广，然千岩万壑，清流碧潭，皆宛然如画，正如钱泳所说：“造园如作诗文，必使曲折有法。”因此对于山水、亭台、

■ 紫藤入春，满树繁花

■ 院落地上的吉祥物拼图

厅堂、楼阁、曲池、方沼、花墙、游廊等之安排划分，必使风花雪月，光景常新，不落窝臼，始为上品。对于总体布局及空间处理，务使有扩大之感，观之不尽，而风景多变，极尽规划的能事。总体布局可分以下几种：

中部以水为主题，贯以小桥，绕以游廊，间列亭台楼阁，大者中列岛屿。此类如“网师园”以及“怡园”等之中部。庙堂巷畅园，地颇狭小，一水居中，绕以廊屋，宛如盆景。留园虽以水为主，然刘师敦桢认为该园以整体而论，当以东部建筑群为主，这话亦有其理。

以山石为全园之主题。因是区无水源可得，且无洼地可利用，故不能不以山石为主题使其突出，固设计中一法。西百花巷程氏园无水可托，不得不如此。环秀山庄范围小，不能凿大池，亦以山石为主，略引水泉，俾山有生机，岩现活态，苔痕鲜润，草木华滋，宛然若真山水了。

基地积水弥漫，而占地尤广，布置遂较自由，不能为定法所囿。如拙政园五亩园等较大的，更能发挥开朗变化的能事。尤其拙政园中部的一些小山，大有张涟所云“平冈小坡，曲岸回沙”，都是运用人工方法来符合自然的境界。计成《园冶》云：“虽由人作，宛自天开。”刘师敦桢主张：“池水以聚为主，以分为辅，小园聚胜于分，大园虽可分，但须宾主分明。”我说网师园与拙政园是两个佳例，皆苏州园林上品。

前水后山，复构堂于水前，坐堂中穿水遥对山石，而堂则若水榭，横卧波面，文衙弄艺园布局即如是。北寺塔东芳草园亦仿佛似之。

中列山水，四周环以楼及廊屋，高低错落，迤逦相续，与中部山石相呼应，如小新桥巷耦园东部，在苏州尚不多见。东北街韩氏小园，亦略取是法，不过楼屋仅有两面。中由吉巷半园、修仙巷宋氏园皆有一面用楼。

明代园林，接近自然，犹是计成、张涟辈后来所总结的方法，利用原有地形，略加整理。其所用石，在苏州大体以黄石为主，如拙政园中部二小山及绣绮亭下者。黄石虽无湖石玲珑剔透，然掇石有法，反觉浑成，既无矫揉做作之态，且无累石不固的危险。我们能从这种方法中细细探讨，在今日造园中还有不少优良传统可以吸收学习的。到清代造园，率皆以湖石叠砌，贪多好奇，每以湖石之多少与一峰之优劣，与他园计较短长。试以怡园而论，购洞庭山三处废园之石累积而成，一峰一石，自有上选，即其一例。至于“小山用石”，非全无寸土，不然树木将无所依托了。环秀山庄虽改建于乾隆间，数弓之地，深谿幽壑，势若天成，其竖石运用宋人山水的所谓“斧劈法”，再以镶嵌出之，简洁遒劲，其水则迂回曲折，山石处处滋润，苍岩欣欣欲活了，诚为江南园林的杰构。于此方知设计者若非胸有丘壑、挥洒自如者，焉能至斯?学养之功可见重要了。

掇山既须以原有地形为据，自然之态又变化多端，无一定成法，可是自然的形成与发展，亦有一定的规律可循，“师古人不如师造化”，实有其理在。我们今日能通乎此理，从自然景物加以分析，证以古人作品，评其妍媸，撷其菁华，构成最美丽的典型。奈何苏州所见晚期园林，什九已成“程式化”，从不在整体考虑，每以亭台池馆，妄加拼凑。尤以掇山选石，皆举一峰片石，视之为古董，对花树的衬托，建筑物的调和等，则有所忽略。这是今日园林设计者要引以为鉴的。如怡园欲集诸园之长，但全局涣散，似未见成功。

湖州南浔小莲庄

■ 苏州拙政园

园林之水，首在寻源，无源之水必成死水。如拙政园利用原来池沼，环秀山庄掘地得泉，水虽涓涓，亦必清冽可爱。但园林面积既小，欲使有汪洋之概，则在于设计的得法。其法有二：一、池面利用不规则的平面，间列岛屿，上贯以小桥，在空间上使人望去，不觉一览无余。二、留心曲岸水口的设计，故意做成许多湾头，望之仿佛有许多源流，如是则水来去无尽头，有深壑藏函之感。至于曲岸水口之利用芦苇，杂以菰蒲，则更显得隐约迷离，这是在较大的园林应用才妙。留园活泼泼的，水榭临流，溪至榭下已尽，但必流入一部分，则俯视之下，榭若跨溪上，水不觉终止。南显子巷惠荫园水假山，系层叠巧石如洞曲，引水灌之，点以步石，人行其间，如入涧壑，洞上则构屋。此种形式为吴中别具一格者，殆系南宋杭州“赵翼王园”中之遗制。沧浪亭以山为主，但西部的步碕廊突然逐渐加高，高瞰水潭，自然临渊莫测。艺园的桥与水几平，反之两岸山石愈显高峻了。怡园之桥虽低于山，似嫌与水尚有一些距离。至于小溪作桥，在对比之下，其情况何如，不难想象。古人改用“点其步石”的方法，则更为自然有致。瀑布除环秀山庄檐瀑外，他则罕有。

中国园林除水石池沼外，建筑物如厅、堂、斋、台、亭、榭、轩、卷、廊等，都是构成园林的主要部分。然江南园林以幽静雅淡为主，故建筑物务求轻巧，方始相称，所以在建筑物的地点、平面，以及外观上不能不注意。《园冶》云：“凡园圃立基，定厅堂为主，先乎取景，妙在朝南，倘有乔木数株，仅就中庭一二。”苏南园林尚守是法，如拙政园远香堂、留园涵碧山房等皆是。至于楼台亭阁的地位，虽无成法，但“按基形成”，“格式随宜”，“随方制象，各有所宜”，“一榱一角，必令出自己裁”，“花间隐榭，水际安亭”，还是要设计人从整体出发，加以灵活应用。古代如《园冶》《长物志》《工段营造录》等，虽有述及，最后亦指出其不能守为成法的。试以拙政园而论，我们自高处俯视，建筑物虽然是随宜安排的，但是它们方向还是直横有序。其外观给人的感觉是轻快为主，平面正方形、长方形、多边形、圆形等皆有，屋顶形式则有歇山、硬山、悬山、攒尖等，而无庑殿式，即歇山、硬山、悬山，亦多数采用卷棚式。其翼角起翘类，多用“水戗发戗”的办法，因此翼角起翘低而外观轻快。檐下玲珑的挂落，柱间微弯的吴王靠，得能取得一致。建筑物在立面的处理，以留园中部而论，我们自闻木樨香轩东望，对景主要建筑物是曲溪楼，用歇山顶，其外观在第一层做成仿佛台基的形状，与水相平行的线脚与上层分界，虽系二层，看去不觉其高耸。尤其曲溪楼、西楼、清风池馆三者的位置各有前后，屋顶立面皆同中寓不同，与下部的立峰水石都很相称。古木一树斜横波上，益增苍古，而墙上的砖框漏窗，上层的窗棂与墙面虚实的对比，疏淡的花影，都是苏州园林特有的手法；倒影水中，其景更美。明瑟楼与涵碧山房相邻，前者为卷棚歇山，后者为卷棚硬山，然两者相联，不能不用变通的办法。明瑟楼歇山山面仅作一面，另一面用垂脊，不但不觉得其难看，反觉生动有变化。他如畅园因基地较狭长，中又系水池，水榭无法安排，卒用单面歇山，实系同出一法。反之东园一角亭，为求轻巧起见，六角攒尖顶

苏州拙政园

翼角用“水戗发戗”，其上部又太重，柱身瘦而高，在整个比例上顿觉不稳。东部舒啸亭至乐亭，前者小而不见玲珑，后者屋顶虽多变化，亦觉过重，都是比例上的缺陷。苏南筑亭，晚近香山匠师每将屋顶提得过高，但柱身又细，整个外观未必真美。反视明代遗构艺圃，屋顶略低，较平稳得多。总之单体建筑，必然要考虑到与全园的整个关系才是。至于平面变化，虽洞房曲户，亦必做到曲处有通，实处有疏。小型轩馆，一间，二间，或二间半均可，皆视基地，位置得当。如拙政园海棠春坞，面阔二间，一大一小，宾主分明。留园揖峰轩，面阔二间半，而尤妙于半间，方信《园冶》所云有其独见之处。建筑物的高下得势，左右呼应，虚实对比，在在都须留意。王洗马巷万氏园（原为任氏），园虽小，书房部分自成一区，极为幽静。其装修与铁瓶巷住宅东西花厅、顾宅花厅、网师园、西百花巷程氏园、大石巷吴宅花厅等（详见拙著《装修集录》），都是苏州园林中之上选。至于他园尚多商量处，如留园太繁琐伧俗，佳者甚少；拙政园精者固有，但多数又觉简单无变化，力求一律，皆修理中东拼西凑或因陋就简所造成。怡园旧装修几不存，而旱船为吴中之尤者，所遗装修极精。

园林游廊为园林的脉络，在园林建筑中处极重要地位，故特地说明一下。今日苏州园林廊之常见者为复廊，廊系两面游廊中隔以粉墙，间以漏窗（详见拙编《漏窗》），使墙内外皆可行走。此种廊大都用于不封闭性的园林，如沧浪亭的沿河。或一园中须加以间隔，欲使空间扩大，并使入门有所过渡，如“怡园”的复廊，便是一例，此廊显然是仿前者。它除此作用外，因岁寒草堂与拜石轩之间不为西向阳光与朔风所直射，用以阻之，而阳光通过漏窗，其图案更觉玲珑剔透。游廊有陆上、水上之分，又有曲廊、直廊之别，但忌平直生硬。今日苏州诸园所见，过分求曲，则反觉生硬勉强，如留园中部北墙下的。至其下施以砖砌阑干，一无空虚之感，与上部挂落不称，柱夹砖中，僵直滞重。铁瓶巷任宅及拙政园西部水廊小榭，易以镂空之砖，似此较胜。拙政园旧时柳荫路曲，临水一面阑干用木制，另一面上安吴王靠，是有道理的。水廊佳者，如拙政园西部的，不但有极佳的曲折，并有适当的坡度，诚如《园冶》所云的“浮廊可渡”，允称佳构。尤其可取的，就是曲处湖石芭蕉，配以小榭，更觉有变化。爬山游廊，在苏州园林中的狮子林、留园、拙政园，仅点缀一二，大都是用于园林边墙部分。设计此种廊时，应注意到坡度与山的高度问题，运用不当，顿成头重脚轻，上下不协调。在地形狭宽不同的情况下，可运用一面坡，或一面坡与二面坡并用，如留园西部的。曲廊的曲处是留虚的好办法，随便点缀一些竹石、芭蕉，都是极妙的小景。李斗云："板上甃砖谓之响廊，随势曲折谓之游廊……入竹为竹廊，近水为水廊。花间偶出数尖，池北时来一角，或依悬崖，故作危槛，或跨红板，下可通舟，递迫于楼台亭榭之间，而轻好过之。廊贵有阑。廊之有阑，如美人服半臂，腰为之细。其上置板为飞来椅，亦名美人靠，其中广者为轩。"言之尤详，可资参考。今日复有廊外植芭蕉，呼为蕉廊，植柳呼为柳廊，夏日人行其间，更觉翠色侵衣，溽暑全消。冬日则阳光射入，温和可喜，用意至善。而古时以廊悬画称画廊，今日壁间嵌诗条石，都是极好的应用。

园林中水面之有桥，正陆路之有廊，重要可知。苏州园林习见之桥，一种为梁式石桥，可分直桥、九曲桥、五曲桥、三曲桥、弧形桥等，其位置有高于水面与岸相平的，有低于两岸浮于水面的。以时代而论，后者似较旧，今日在艺园及无锡寄畅园、常熟诸园所见的，都是如此。怡园及已毁木渎严家花园，亦仿佛似之，不过略高于水面一点。旧时为什么如此设计呢?它所表现的效果有二：第一，桥与水平，则游者凌波而过，水益显汪洋，桥更觉其危了。第二，桥低则山石建筑愈形高峻，与丘壑楼自然成强烈对比。无锡寄畅园假山用平冈，其后以惠山为借景，冈下幽谷间施以是式桥，诚能发挥明代园林设计之高度技术。今日梁式桥往往不照顾地形，不考虑本身大小，随便安置，实属非当。尤其阑干之高度、形式，都从不与全桥及环境作一番研究，甚至于连半封建半殖民地的阑干都加了上去，如拙政园西部是。上选者，如艺圃小桥、拙政园倚虹桥都是。拙政园中部的三曲五曲之桥，阑干比例还好，可惜桥本身略高一些。待霜亭与雪香云蔚亭二小山

★ 扬州片石山房假山

之间石桥，仅搁一石板，不施阑干，极尽自然质朴之意，亦佳构。另一种为小型环洞桥，狮子林、网师园都有。以此二桥而论，前者不及后者为佳，因环洞桥不适宜建于水中部，水面既小，用此中阻，遂显庞大质实，略无空灵之感。后者建于东部水尽头，桥本身又小，从西东望，辽阔的水面中倒影玲珑，反之自桥西望，亭台映水，用意相同。中由吉巷半园，因地狭小，将环洞变形，亦系出权宜之计。至于小溪，《园冶》所云“点其步石”的办法，尤能与自然相契合，实远胜架桥其上。可是此法，今日差不多已成绝响了。

园林的路，《清闲供》云：“门内有径，径欲曲。”“室旁有路，路欲分。”今日我们在苏州园林所见，还能如此。拙政园中部道路，犹守明时旧规，从原来地形出发，加以变化，主次分明，曲折有度。环秀山庄面积小，不能不略作纡盘，但亦能恰到好处，行者有引人入胜之概。然狮子林、怡园的，故作曲折，使人莫之所从，既悖自然之理，又多不近人情。因此矫揉做作，与自然相距太远的安排，实在是不艺术的事。

铺地，在园林亦是一件重要的工作，不论庭前、曲径、主路，皆须极慎重考虑。今日苏州园林所见，有仄砖铺于主路，施工简单，并凑图案自由。碎石地，用碎石仄铺，可用于主路小径庭前，上面间有用缸爿

吴江退思园

点缀一些图案。或缸爿仄铺，间以瓷爿，用法同前。鹅子地或鹅子间加瓷爿并凑成各种图案，称“花界”，视上述的要细致雅洁多，留园自有佳构。但其缺点是石隙间的泥土，每为雨水及人力所冲扫而逐渐减少，又复较易长小草，保养费事，是须要改进的。冰裂地则用于庭前，苏南的结构有二：其一即冰纹石块平置地面，如拙政园远香堂前的，颇饶自然之趣，然亦有不平稳的流弊。其一则冰纹石交接处皆对卯拼成，施工难而坚固，如留园涵碧山房前、铁瓶巷顾宅花厅的，都是极工整。至于庭前踏跺用天然石叠，如拙政园远香堂及留园五峰仙馆前的，皆饶野趣。

■ 吴江耕乐园曲廊

园林的墙，有乱石墙、磨砖墙、漏砖墙、白粉墙等数种。苏州今日所见，以白粉墙为最多，外墙有上开瓦花窗（漏窗开在墙顶部）的，内墙间开漏窗及砖框的，所谓粉墙花影，为人乐道。磨砖墙，园内仅建筑物上酌用之，园门十之八九贴以水磨砖砌成图案，如拙政园大门。乱石墙只见于裙肩处。在上海南市薛家浜路旧宅中，我曾见到冰裂纹上缀以梅花的，极精，似系明代旧物。西园以水花墙区分水面，亦别具一格。

联对、匾额，在中国园林中，正如人之有须眉，为不能少的一件重要点缀品。苏州又为人文荟萃之区，当时园林建造复有文人画家的参与，用人工构成诗情画意，将平时所见真山水、古人名迹、诗文歌诗所表达的美妙意境，撷其精华而总合之，加以突出。因此山林岩壑，一亭一榭，莫不用文学上极典雅美丽而适当的辞句来形容它，使游者入其地，览景而生情文，这些文字亦就是这个环境中最恰当的文字代表。例如拙政园的远香堂与留听阁，同样是一个赏荷花的地方，前者出“香远益清”句，后者出“留得残荷听雨声”句。留园的闻木樨香轩、拙政园的海棠春坞，又都是根据这里所种的树木来命名的。游者至此，不期而然的能够出现许多文学艺术的好作品，这不能不说是中国园林的一个特色了。我希望今后在许多旧园林中，如果无封建意识的文字，仅就描写风景的，应该好好保存下来。苏州诸园皆有好的题辞，而怡园诸联集宋词，更能曲尽其意，可惜皆不存了。至于用材料，因园林风大，故十之八九用银杏木阴刻，填以石绿；或用木阴刻后髹漆敷色者亦有，不过色彩都是冷色。亦有用砖刻的，雅洁可爱。字体以篆隶行书为多，罕用正楷，取其古朴与自然。中国书画同源，本身是个艺术品，当然是会增加美观的。

树木之在园林，其重要不待细述，已所洞悉。江南园林面积小，且都属封闭性，四周绕以高垣，故对于培花植木，必须深究地位之阴阳，土地之高卑，树木发育之迟速，耐寒抗旱之性能，姿态之古拙与华滋，更重要的为布置的地位与树石的安排了。园林之假山与池沼，皆真山水的缩影，因此树木的配置，不能任其自由发展。所栽植者，必须体积不能过大，而姿态务求入画，虬枝旁水，盘根依阿，景物遂形苍老。在选树之时，尤须留意此端，宜乎李格非所云“人力胜者少苍古”了。今日苏州树木常见的，如拙政园，大树用榆、枫杨等。留园中部多银杏，西部则漫山枫树。怡园面积小，故易以桂、松及白皮松，尤以白皮松树虽小而姿态古拙，在小园中最是珍贵。他则杂以松、梅、棕树、黄杨，在发育上均较迟缓。其次园小垣高，阴地多而阳地少，于是墙阴必植耐寒植物，如女贞、棕树、竹之类。岩壑必植高山植物，如松、柏之类。阶下石隙之中，植长绿阴性草类。全园中长绿者多于落叶者，则四季咸青，不致秋冬髡秃无物了。至于乔木若榆、槐、枫杨、朴、榉、枫等，每年修枝，使其姿态古拙入画。此种树的根部甚美，尤以榆树及枫、杨，年龄大后，身空皮留，老干抽条，葱翠如画境。今日苏州园林中之山巅栽树，大别有两种情况：第一类，山巅山麓只植大树，而虚其根部，俾可欣赏其根部与山石之美，如留园的与拙政园的一部分。第二类，山巅山麓树木皆出丛竹或灌木之上，山石并攀以藤萝，使望去有深郁之感，如沧浪亭及拙政园的一部分。然两者设计者的依据有所不同。以我们分析，这些全在设计者所用树木的各异，如前者师元代画家倪瓒（云林）的清逸作风，后者则效明代画家沈周（石田）的沉郁了。至于滨河低卑之地，种柳、栽竹、植芦，而墙阴栽爬山虎、修竹、天竹、秋海棠等，叶翠，花冷，实鲜，高洁耐赏。但此等亦必须每年修剪，不能任其发育。

园林栽花与树木同一原则，背阴且能略受阳光之地，栽植桂花、山茶之类。此二者除终年常青外，开花一在秋，一在春初，都是群花未放之时，而姿态亦佳，掩映于奇石之间，冷隽异常。紫藤则入春后，一架绿荫，满树繁花，望之若珠光宝露。牡丹之作台，衬以文石阑干，实牡丹宜高地向阳，兼以其花华丽，故不得不使然。他若玉兰、海棠、牡丹、桂花等同栽庭前，谐音为“玉堂富贵”，当然命意已不适于今日，但在开花的季节与色彩的安排上，前人未始无理由的。桃李则宜植林，适于远眺，此在苏州，仅范围大的如留园、拙政园可以酌用之。

树木的布置，在苏州园林有两个原则：第一，用同一种树植之成林，如怡园听涛处植松，留园西部植枫，闻木樨香轩前植桂。但又必须考虑到高低疏密间及与环境的关系。第二，用多种树同植，其配置如作画构图一样，更要注意树的方向及地的高卑是否适宜于多种树性，树叶色彩的调和对比，长绿树与落叶树的多少，开花季节的先后，树叶形态，树的姿势，树与石的关系，必须要做到片山多致，寸石生情，二者间是一个有机的联系才是。更须注意它与建筑物的式样、颜色的衬托，是否已做到“好花须映好楼台”的效果。水中植荷，似不宜多。荷多必减少水的面积，楼台缺少倒影，宜略点缀一二，亭亭玉立，摇曳生姿，隔秋水宛在水中央。据云昆山顾氏园藕植于池中石板底，石板仅凿数洞，俾不使其自由繁植。刘师敦桢云：“南京明徐氏东园池底置缸，植荷其内。”用意相同。

苏南园林以整体而论，其色彩以雅淡幽静为主，它与北方皇家园林的金碧辉煌，适成对比。以我个人见解：第一，苏南居住建筑所施色彩，在梁枋柱头皆用栗色，挂落用墨绿，有时柱头用黑色退光，都是一些冷色调，与白色墙面起了强烈的对比，而花影扶疏，又适当地冲淡了墙面强白，形成良好的过渡，自多佳境了。且苏州园林皆与住宅相连，为养性读书之所，更应

■ 苏州狮子林万卷堂

以清静为主，宜乎有此色调。它与北方皇家花园的那样宣扬自己威风与炫耀富贵的，在作风上有所不同。苏州园林，士大夫未始不欲炫耀富贵，然在装修、选石、陈列上用功夫，在色彩上仍然保持以雅淡为主的原则。再以南宗山水而论，水墨浅绛，略施淡彩，秀逸天成，早已印在士大夫及文人画家的脑海中。在这种思想影响下设计出来的园林，当然不会用重彩贴金了。加以江南炎热，朱红等热颜料亦在所非宜，封建社会的民居，尤不能与皇家同一享受，因此色彩只好以雅静为归，用清幽胜浓丽，设计上用以少胜多的办法了。此种色彩，其佳处是与整个园林的轻巧外观，灰白的江南天色，秀茂的花木，玲珑的山石，柔媚的流水，都能相配合调和，予人的感觉是淡雅幽静。这又是江南园林的特征了。

中国园林还有一个特色，就是设计者考虑到不论风雨明晦，景色咸宜，在各种自然条件下，都能予人们以最大最舒适的美感。除山水外，楼横堂列，廊庑回缭，阑楯周接，木映花承，是起了最大作用的，使人们在各种自然条件下来欣赏园林。诗人画家在各种不同的境界中，产生了各种不同的体会，如夏日的蕉廊，冬日的梅影、雪月，春日的繁花、丽日，秋日的红蓼、芦塘，虽四时之景不同，而景物无不适人。至

■ 苏州狮子林水廊

苏州狮子林

于松风听涛，菰蒲闻雨，月移花影，雾失楼台，斯景又宜其览者自得之。这种效果的产生，主要在于设计者对文学艺术的高度修养，以及与实际的建筑相结合，使理想中的境界付之于实现，并撷其最佳者而予以渲染扩大。如叠石构屋，凿水穿泉，栽花种竹，都是向这个目标前进的。文学艺术家对自然美的欣赏，不仅在一个春日的艳阳天气，而是要在任何一个季节，都要使它变成美的境地。因此，对花影要考虑到粉墙，听风要考虑到松，听雨要考虑到荷叶，月色要考虑到柳梢，斜阳要考虑到梅竹等，都希望使理想中的幻景能付诸实现，安排一石一木，都寄托了丰富的情感，宜乎处处有情，面面生意，含蓄有曲折，余味不尽。此又为中国园林的特征。

五

以上所述，系就个人所见，掇拾一二，提供大家参考。我相信，苏州园林不但在中国造园史上有其重要与光辉的一页，而且至今尚为广大人民游憩之所。为了继承与发挥优良的文化传统，此份资料似有提出的必要。

1956 年

■ 苏州网师园门楼砖雕

苏州网师园

苏州网师园，我誉为是苏州园林之小园极则，在全国的园林中，亦居上选，是“以少胜多”的典范。

网师园在苏州市阔街头巷，本宋时史氏万卷堂故址。清乾隆间宋鲁儒（宗元，又字悫庭）购其地治别业，以“网师”自号，并颜其园，盖托鱼隐之义，亦取名与原巷名“王思”相谐音。旋园颓圮，复归瞿远村，叠石种木，布置得宜，增建亭宇，易旧为新，更名“瞿园”。乾隆六十年（1795年）钱大昕为之作记①，今之规模，即为其旧。同治间属李鸿裔（眉生），更名“苏东邻”。其子少眉继有其园②。达桂（馨山）

亦一度寄寓之。入民国，张作霖举以赠其师张锡銮（金坡）[3]。曾租赁与叶恭绰（遐庵）、张泽（善子）、爰（大千）兄弟，分居宅园。后何亚农购得之，小有修理。一九五八年秋由苏州园林管理处接管，住宅园林修葺一新。叶遐庵谱《满庭芳》词，所谓“西子换新装”也。

住宅南向，前有照壁及东西辕也。入门屋穿廊为轿厅，厅东有避弄可导之内厅。轿厅之后，大厅崇立，其前砖门楼，雕镂极精，厅面阔五间，三明两暗。西则为书塾，廊间刻园记。内厅（女厅）为楼，殿其后，亦五间，且带厢。厢前障以花样，植桂，小院宜秋。厅悬俞樾（曲园）书“撷秀楼”匾。登楼西望，天平、灵岩诸山黛痕一抹，隐现窗前。其后与五峰书屋、集虚斋相接。下楼至竹外一枝轩，则全园之景了然。

自轿厅西首入园，额曰“网师小筑”，有曲廊接四面厅，额“小山丛桂轩”，轩前界以花墙，山幽桂馥，香藏不散。轩东有便道直贯南北，其与避弄作用相同。蹈和馆琴室位轩西，小院回廊，迂徐曲折。欲扬先抑，未歌先敛，故小山丛桂轩之北以黄石山围之，称“云冈”。随廊越坡，有亭可留，名“月到风来”，明波若镜，渔矶高下，画桥迤逦，俱呈现于一池之中，而高下虚实，云水变幻，骋怀游目，咫尺千里。“涓涓流水细浸阶，凿个池儿招个月儿来，画栋频摇动，荷蕖尽倒开。”亭名正写此妙境。云岗以西，小阁临流，名“濯缨”，与看松读画轩隔水招呼。轩园之主厅，其前古木若虬，老根盘结于苔石间，洵画本也。轩旁修廊一曲与竹外一枝轩接连，东廊名射鸭，系一半亭，与池西之月到

---

① 钱大昕清乾隆六十年（1795年）《网师园记》：“带城桥之南，宋时为史氏万卷堂故址，与南园沧浪亭相望。有巷曰网师者，本名王思。曩三十年前，宋光禄悫庭购其地，治别业为归老之计，因以网师自号，并颜其园，盖托于鱼隐之义，亦取巷名相似也。光禄既殁，其园日就颓圮，乔木古石，大半损失，唯池一泓，尚清澈无恙。瞿君远村偶过其地，惧其鞠为茂草也，为之太息，问旁舍者，知主人方求售，遂买而有之。因其规模，别为结构，叠石种木，布置得宜，增建亭宇，易旧为新。既落成，招予辈四五人，谈宴竟日之集。石径屈曲，似往而复，沧浪渺然，一望无际。有堂曰梅花铁石山房，曰小山丛桂轩，有阁曰濯缨水阁，有燕居之室曰蹈和馆，有亭于水者，曰月到风来，有亭于厓者曰云岗，有斜轩曰竹外一枝，有斋曰集虚……地只数亩而有纡回不尽之致……柳子原所谓奥如旷如者，殆兼得之矣。”

褚连璋清嘉庆元年（1796年）《网师园记》：“远村于斯园增置亭台竹木之胜，已半易网师旧规。”“乾隆丁未（1787年）秋奉讳旋里，观察（宋鲁儒）久为古人，园方旷如，拟暂僦居而未果。”

冯浩清嘉庆四年（1799年）《网师园记》：“吴郡瞿君远村得宋悫庭网师园，大半倾圮，因树石水池之胜，重构堂亭轩馆，审势协宜，大小咸备，仍余清旷之境，足畅怀舒眺。”园后归吴嘉道，为时不久。

② 见俞樾《撷秀楼匾额跋》及达桂、程德全之网师园题记。又名蘧园。

③ 据张学铭先生见告。园旧有黎元洪赠张锡銮书匾额。后改称逸园。

■ 苏州网师园

风来亭相映。凭阑得静观之趣，俯视池水，弥漫无尽，聚而支分，去来无踪，盖得力于溪口、湾头、石矶之巧于安排，以假象逗人。桥与步石环池而筑，犹沿明代布桥之惯例，其命意在不分割水面，增支流之深远。至于驳岸有级，出水留矶，增人“浮水”之感，而亭、台、廊、榭，无不面水，使全园处处有水“可依”。园不在大，泉不在广，杜诗所谓“名园依绿水”，不啻为是园咏也。以此可悟理水之法，并窥环秀山庄叠山之奥秘，思致相通。池周山石，虽未若环秀山庄之曲尽巧思，然平易近人，蕴藉多姿，其蓝本出自虎丘白莲池。

园之西部殿春簃，原为药阑。一春花事，以芍药为殿，故以“殿春”名之。小轩三间，拖一复室，竹、石、梅、蕉，隐于窗后，微阳淡抹，浅画成图。苏州诸园，此园构思最佳，盖园小“邻虚”，顿扩空间，“透”字之妙用，于此得之。轩前面东为假山，与其西曲廊相对。西南隅有水一泓，名“涵碧”，清澈醒人，与中部大池有脉可通，存“水贵有源”之

① 苏叟《养疴闲记》卷三：“宋副使悫庭宗元网师小筑在沈尚书第东，仅数武。中有梅花铁石山房，半巢居。北山草堂附对句‘丘壑趣如此；鸾鹤心悠然。’　濯缨水阁‘水面文章风写出；山头意味月传来。’（钱维城）花影亭‘鸟语花香帘外景；天光云影座中春。’（庄培因）　小山丛桂轩‘鸟因对客钩辀语；树为循墙宛转生。’（曹秀先）溪西小隐　斗屠苏附对句‘短歌能驻日；闲坐但闻香。’（陈兆仑）度香艇　无喧庐　琅　圃附对句‘不俗即仙骨；多情乃佛心。’（张照）”

意。泉上构亭，名“冷泉”。南略置峰石为殿春簃对景。余地以“花街”铺地，极平洁，与中部之利用水池，同一原则。以整片出之，成水陆对比，前者以石点水，后者以水点石。其与总体之利用建筑与山石之对比，相互变换者，如歌家之巧运新腔，不袭旧调。

苏州网师园

网师园清新有韵味，以文学作品拟之，正北宋晏几道《小山词》之“淡语皆有味，浅语皆有致”，建筑无多，山石有限，其奴役风月，左右游人，若非造园家“匠心”独到，不克臻此①。足证园林非“土木”、“绿化”之事，故称“构园”。王国维《人间词话》指出“境界”二字，园以有“境界”为上，网师园差堪似之。

苏州网师园

1976年1月

苏州网师园

★ 苏州环秀山庄假山

苏州环秀山庄

苏州环秀山庄为江南名园之一。园中迭石系吴中园林最杰出者，是研究我国古代迭山艺术的重要实例。

环秀山庄位于苏州市景德路，本五代广陵王钱氏金谷园故址。入宋归朱伯原，名乐圃。元时属张适。明成化间为杜东原所有，旋归申时行。中有宝纶堂，其裔孙改筑蘧园，建来青阁，魏禧作记。清乾隆间，蒋楫居之[①]，掘地得泉，名曰“飞雪”。毕沅继蒋氏有此园，复归孙补山家[②]。道光末属汪氏[③]，名耕荫义庄、颜曰环秀山庄，又名“颐园”。

环秀山庄原来布局，前堂名“有穀”，南向前后点石，翼以两廊及对照轩。堂后筑环秀山庄，北向四面厅，正对山林。水萦如带，一亭浮水，一亭枕山。西贯长廊，尽处有楼，楼外另叠小山，循山径登楼，可俯视全园。飞雪泉在其下，补秋舫则横卧北端。

主山位于园之东部，后负山坡前绕水。浮水一亭在池之西北隅，对飞雪泉，名问泉。自亭西南渡三曲桥入崖道，弯入谷中，有涧自西北来，横贯崖谷。经石洞，天窗隐约，钟乳垂垂，踏步石，上磴道，渡石梁，幽谷森严，阴翳蔽日。而一桥横跨，欲飞还敛，飞雪泉石壁，隐然若屏，即造园家所谓“对景”。沿山巅，达主峰，穿石洞，过飞桥，至于山后。枕山一亭，名半潭秋水一房山。缘泉而出，山蹊渐低，峰石参错，补秋舫在焉。东西二门额曰“凝青”、“摇碧”，足以概括全园景色。其西为飞雪泉石壁，涧有步石，极险巧。

园初视之，山重水复，身入其境，移步换影，变化万端。概言之，“溪水因山成曲折，山蹊随地作低平”，得真山水之妙谛，却以极简洁洗练之笔出之。山中空而浑雄，谷曲折而幽深。中藏洞、屋，内贯涧流，佐以步石、崖道，宛自天开。磴道自东北来，与涧流相会于步石，至此仰则青天一线，俯则清流几曲，几疑身在万山中。上层以环道出之，绕以飞梁，越溪渡谷，组成重层游览线，千岩万壑，方位莫测，极似常熟燕园（又名燕谷[4]，见本集《常熟园林》)，唯用石则不同（燕谷用黄石，山庄用湖石）。留园西北角，一溪之上，架桥三层，命意相同，系晚明周秉忠（时臣）叠，时间早于造燕园的戈裕良，可知其手法出处。

环秀山庄假山，传出乾嘉间常州戈裕良手。文献可征者，唯钱泳

---

① 蒋楫字济川，清乾隆时官刑部员外郎十年。兄日梅，官户部郎中；恭棐官翰林，撰有《飞雪泉记》。诸蒋中楫家最饶。

② 据袁枚《小仓山房续集》卷三十二有《太子太保文渊阁大学士一等公孙公神道碑》。孙士毅，字智治，号补山，谥文靖，杭州人。叶铭《广印人传》：“文靖孙均字古云，袭伯爵，官散秩大臣，工篆刻，善花卉。中年奉母南归，侨寓吴门，所交多名流，极文酒之盛。”钱泳《履园丛话》卷十二《堆假山》条：“近时有戈裕良者，常州人，其堆法尤胜于诸家，如仪征之朴园、如皋之文园、江宁之五松园、虎丘之一榭园，又孙古云家厅前山子一座，皆其手笔。”戈氏创叠石钩带联络，如造环桥法。见同书同卷。

③ 冯桂芬《耕荫义庄记》：“相传宋时乐圃，后为景德寺，为学道书院，为兵巡道署，为申文定公祠。乾隆以来，蒋刑部楫、毕尚书沅、孙文靖公士毅迭居之。东偏有园，奇礓寿藤……”道光二十九年（1849年）立义庄。

④ 钱泳《履园丛话》卷二十《燕谷》条：“燕谷在常熟北门内令公殿右。前台湾知府蒋元枢所筑。后五十年，其族子泰安令因培购得之，倩晋陵（常州）戈裕良叠石一堆，名曰燕谷。园甚小，而曲折得宜，结构有法。余每入城，亦时寓焉。”

《履园丛话》，近人王謇《瓠庐杂缀》所记亦袭是说。兹就戈氏今存作品，如常熟燕园、扬州意园小盘谷（据秦氏藏意园图记），及乾嘉时代叠山之特征，可确定为戈氏之作。

我对于清代假山，约分为清初、乾嘉、同光三时期。清初犹承晚明风格，意简而蕴藉，虽叠一山，仅台、洞、磴道、亭榭数事，不落常套，而光景常新，雅隽如晚明小品文，耐人寻味。至乾嘉则堂庑扩大，雄健硕秀，构山功力加深，技术进步，是造园史上的一转折点。而戈氏运石似笔，挥洒自如，法备多端，实为乾嘉时期叠山之总结者。此时期假山体形大，腹空，中构洞壑、涧谷，戈氏复创钩带法，顶壁一气，技术先进，结构合理，视前之纯以石叠与土包石法有异，较叠山挑压之法提高。能以少量之石，叠大型之山，环秀山庄即为典型例子，非当时有较充裕的经济基础与先进之叠山技术，不克臻此。杭州文澜阁、北京乾隆御花园，皆此类型。当时社会倾向于大山深洞，而匠师又能抒其技，戈裕良特当时之翘楚。降及同光，经济衰落，技术渐衰，所谓土包石假山兴起，劣者仅知有石，几如积木。我曾讥为“排排坐，个个站，竖蜻蜓，迭罗汉，有洞必补，有缝必嵌”。虽苏州怡园假山在当时刻意为之，仍属中乘；其洞苦拟环秀山庄者，然终嫌局促。

■ 梅花窗

山以深幽取胜，水以湾环见长，无一笔不曲，无一处不藏，设想布景，层出新意。水有源，山有脉，息息相通，以有限面积（园占地约2.4市亩，假山占地约半市亩）造无限空间；亭廊皆出山脚，补秋舫若浮水洞之上。此法为乾隆间造园惯例，北京乾隆御花园、承德避暑山庄等屡见不鲜，当自南中传入北国者。西北角飞雪岩，视主山为小，极空灵清峭，水口、飞石，妙胜画本。旁建小楼，有檐瀑，下临清潭，具曲尽绕梁之味。而亭前一泓，宛若点睛。

叠石之法，以大块竖石为骨，用劈斧法出之，刚健矫挺，以挑、吊、压、叠、拼、挂、嵌、镶为辅，计成所创“等分平衡法”，至此扩大之。洞顶用钩带法。叠石既定（戈氏重叠石，突出使用，下脚石以黄石为之），骨架确立，以小石掇补，正画家大胆落墨，小心收拾，卷云自如，皴自峰生，悉符画本，其笔意兼宋元山水画之长。戈氏承石涛之余绪，洞悉拼镶对缝之法，故纹理统一，宛转多姿，浑若天成。常州近园（康熙十一年，即1672年笪重光有记，王石谷有图），映水一山，崖道、洞壑、磴台，楚楚有致。此园早于戈氏，度戈氏必见此类先例，源渊有自，总结提高。但洞顶犹为条石，为早期作品可证。壁岩之法，计成已有论述，而实例以此山为最。崖道之法，常、锡故园用之者，视苏州为多（常州近园、无锡明王氏故园、石圹湾孙氏祠假山），此山更为突出。网师园假山亦佳，似为同时期稍晚作品。戈氏叠山以土辅之，山巅能植大树，此山与常熟燕园皆然，惜主山老枫已朽。

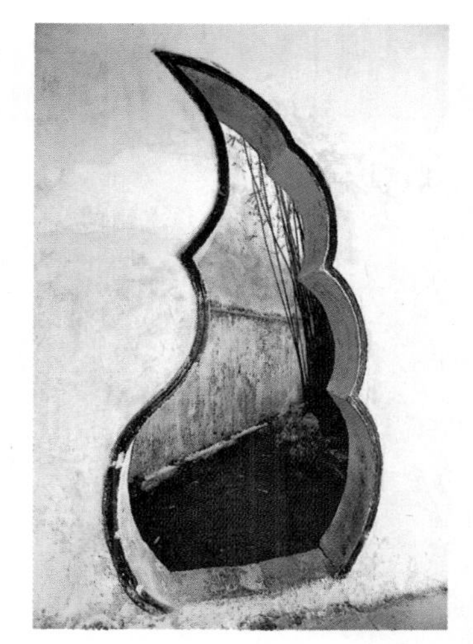
■ 葫芦门

移山缩地，为造园家之惯技，而因地制宜，就地取材，择景模拟，叠石成山，则因人而别，各抒其长。环秀山庄仿自苏州阳山大石山①，常熟燕园模自虞山，扬州意园略师平山堂麓，法同式异，各具地方风格。再如苏州网师园之山池，其蓝本乃虎丘白莲池，实同一例。环秀山庄无景可借，洞壑深幽，小中见大；而燕园借景虞山，燕谷石壁，俨如山麓；意园点石置峰，平远舒卷，“园以景胜，景因园异”。大匠不以式囿人，而能信手拈来，法存其中，皆成妙构。

环秀山庄假山，允称上选，叠山之法具备。造园者不见此山，正如学诗者未见李、杜，诚占我国园林史上重要之一页。

我每过苏州，必登此假山。去冬与王西野、邹宫伍二同志作数日盘桓，范山模水，征文考献，各抒己见，乃就鄙意为此文。

1978年5月

① 环秀山庄在清初曾为阳山巨富朱氏宅园，入口小弄原名阳山朱弄，今讹为杨三珠弄。

■ 苏州沧浪亭

苏州沧浪亭

人们一提起苏州园林，总感到它封闭在高墙之内，窈然深锁，开畅不足。当然这是受历史条件所限，产生了一定的局限性。但古代的匠师们，能在这个小天地中创造别具风格的宅园，间隔了城市与山林的空间；如将园墙拆去，则面貌顿异，一无足取了。苏州尚有一座沧浪亭，也是大家所熟悉的名园。这座园子的外貌，非属封闭式。因葑溪之水，自南园潆回曲折，过“结草庵”（该庵今存白皮松，巨大为苏州之冠）涟漪一碧，与园周匝，从钓鱼台至藕花水榭一带，古台芳榭，高树长廊，未入园而隔水迎人，游者已为之神驰遐想了。

沧浪亭是个面水园林，可是园内则以山为主，山水截然分隔。“水令人远，石令人幽”，游者渡平桥入门，则山严林肃，瞿然岑寂，转眼之间，感觉为之一变。园周以复廊，廊间以花墙，两面可行。园外景色，自漏窗中投入，最逗游人。园内园外，似隔非隔，山崖水际，欲断还连。此沧浪亭构思之着眼处。若无一水萦带，则园中一丘一壑，平淡原无足观，不能与他园争胜。园外一笔，妙手得之，对比之运用，“不着一字，尽得风流”。

园林苍古，在于树老石拙，唯此园最为突出；而堂轩无藻饰，石径斜廊皆出于丛竹、蕉荫之间，高洁无一点金粉气。明道堂闿敞四合，是为主厅。其北峰峦若屏，耸然出乔木中者，即所谓沧浪亭。游者可凭陵全园，山旁曲廊随坡，可凭可憩。其西轩窗三五，自成院落，地穴门洞，造型多样；而漏窗一端，品类为苏州诸园冠。

看山楼居园之西南隅，筑于洞曲之上，近俯南园，平畴村舍（今已皆易建筑），远眺楞伽七子诸峰，隐现槛前。园前环水，园外借山，此园皆得之。

园多乔木修竹，万竿摇空，滴翠匀碧，沁人心脾。小院兰香，时盈客袖，粉墙竹影，天然画本，宜静观，宜雅游，宜作画，宜题诗。从宋代苏子美、欧阳修、梅圣俞，直到近代名画家吴昌硕，名篇成帙，美不胜收，尤以沧浪亭最早主人苏子美的绝句：“夜雨连明春水生，娇云欲暖弄微晴；帘虚日薄花竹静，时有乳鸠相对鸣。”最能写出此中静趣。

沧浪亭是现存苏州最古的园林，五代钱氏时为广陵王元璙池馆，或云其近戚吴军节度使孙承佑所作。宋庆历间苏舜钦（子美）买地作亭，名曰“沧浪”，后为章申公家所有。建炎间毁，复归韩世忠。自元迄明为僧居。明嘉靖间筑妙隐庵、韩蕲王祠。释文瑛复子美之业于荒残不治之余。清康熙间，宋荦抚吴重修，增建苏公祠以及五百名贤祠（今明道堂西），又构亭。道光七年（1827年）重修，同治十二年（1873年）再重建，遂成今状。门首刻有图，为最有价值的图文史料。园在性质上与他园有别，即长时期以来，略似公共性园林，“官绅”讌宴，文人“雅集”，胥皆于此，宜乎其设计处理，别具一格。

1979年12月

■ 扬州个园假山

扬州园林与住宅

扬州是一个历史悠久的古城，很早以来就多次出现繁华景象，成为我国经济最为富裕的地方；由于物质基础的丰厚，从而为扬州文化艺术的发展创造了有利的条件。表现在园林与住宅方面，也有其独特的成就和风格。但是对扬州的古代建筑艺术，人们历来持有各种不同的看法，没有能够认识到这一切均是劳动人民智慧的结晶。

“中国历来只是地主有文化，农民没有文化。可是地主的文化是由农民造成的，因为造成地主文化的东西，不是别的，正是从农民身上掠取的血汗。”（《毛泽东选集》第一卷，第39页）我们批判任何一件建筑艺术，无论从资料上，从艺术技巧上，都应依此为准绳。试从历史的发展来看，远在公元前四八六年周敬王三十四年，吴王夫差在扬州筑邗江城，并开凿河道，东北通射阳湖，西北至米口入淮，用以运粮。这是扬州建城的开始和“邗沟”得名的由来。扬州由于地处江淮要冲，自东汉后便成为我国东南地区的政治军事重镇之一。从经济条件来说，鱼、盐、工农业等各种生产事业都很发达，同时又是全国粮食、盐、铁等的主要集散地之一；隋唐以后更是我国对外文化联络和对外贸易的主要港埠。这些都奠定了扬州趋向繁荣的物质基础。

隋唐时代的扬州，是极其重要而富庶的地方。从隋文帝（杨坚）统一南北以后，江淮的富源得到了繁荣的机会，扬州位于江淮的中心，自然也就很快地兴盛起来。其后隋炀帝（杨广）恣意寻欢作乐来到扬州，又大兴土木，建造离宫别馆。虽然这时的扬州开始呈现了空前的繁荣，却不能使扬州的富庶得到真正的发展。但是隋炀帝时所开凿的运河，则又使扬州成为掌握南北水路交通的枢纽，为以后的经济繁荣提供了有利的条件。在建筑技术上，由于统治阶级派遣来的北方匠师，与江南原有的匠师在技术上得到了交流与融合，更大大地推进了日后扬州建筑的发展。唐朝的诗人杜牧曾有“谁知竹西路，歌吹是扬州”的诗句，从表面的城市浮华现象来歌颂，而实际上扬州的广大劳动人民，仍旧过着捐税重重的生活。他们以农业手工业为主从事着生产，表现了勤劳朴实的本色，这些应该说是经济繁荣的主要基础。

■ 扬州个园假山

早在南北朝时期（420—589年），宋人徐湛之在平山堂下建有风亭、月观、吹台、琴室等。到唐朝贞观年间（627—649年），有裴谌的樱桃园，已具有“楼台重复、花木鲜秀”的境界，而郝氏园还要超过它。但唐末都受到了破坏。宋

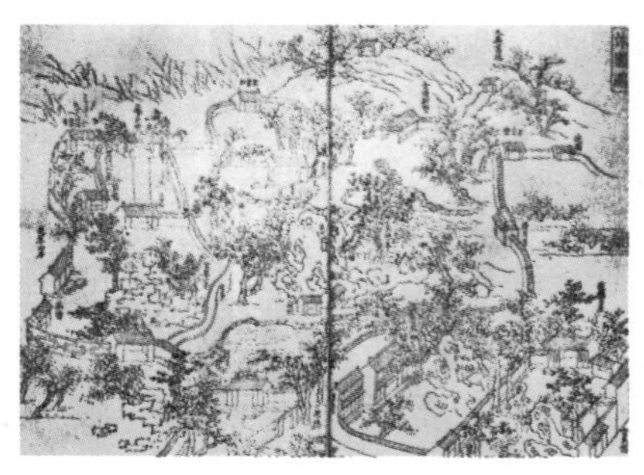

★ 扬州休园（木刻）

★ 扬州个园月门

时有郡圃、丽芳园、壶春园、万花园等，多水木之胜。金军南下，扬州受到较大的破坏。正如南宋姜夔于淳熙三年（1176年）《扬州慢》词上所诵："自胡马窥江去后，废池乔木，犹厌言兵。渐黄昏，清角吹寒，都在空城。"同时宋金时期，运河已经阻塞，至元初漕运不得不改换海道，扬州的经济就不如过去繁荣了。元代仅有平野轩、崔伯亭园等二三例记载。明代初叶运河经过整修，又成为南北交通的动脉，扬州也重新成了两淮区域盐的集散地。明中叶后由于资本主义经济的萌芽，城市更趋繁荣，除盐业以外，其他的商业与手工业也都获得了发展。到十七八世纪的清代，扬州的经济，在表面上可说是到了最繁荣的时期。这种繁荣实际上是封建统治阶级穷奢极侈、腐化堕落、消极颓唐、享乐寻欢的具体表现，而扬州的劳动人民，却以他们的勤劳与智慧，创造了独特的园林建筑艺术，为我国古代文化遗产作出了一定的贡献。

明代中叶以后，扬州的商人，以徽商居多，其后赣（江西）商、湖广（湖南、湖北）商、粤（广东）商等亦接踵而来。他们与本地商人共同经营了商业，所获得的大量资金，并没有积累起来从事再生产。除了花费在奢侈的生活之外，又大规模地建筑园林和住宅。由于水路交通的便利，随着徽商的到来，又来了徽州的建筑匠师，使徽州的建筑手法融合在扬州建筑艺术之中。各地的建筑材料，及附近香山（苏州香山）匠师，更由于舟运畅通源源到达扬州，使扬州建筑艺术更为增色。在园林方面，如明万历年间（1573—1619年）太守吴秀所筑的梅花岭，叠石为山，周以亭台。明末郑氏兄弟（元嗣、元勋、元化、侠如）的四处大园林——影园（元勋）、休园（侠如）、嘉树园（元嗣）、五亩之园（元化），不论在园的面积上或造园艺术上都很突出。影园是著名造园家吴江计成的作品，园主郑元勋因受匠师的熏陶，亦粗解造园之术。这时的士大夫就是那样“寄情”于山水，而匠师们却在平原的扬州叠石凿池，以有限的空间构成无限的景色，建造了那“宛自天开”的园林。这些为后来清乾隆时期（1736—1795年）的大规模兴建园林，在技术上奠定了基础。清兵南下，这些建筑受到了极大的破坏，只有从现存的几处楠木大厅，尚能看到当时建筑手法的片断。

清初，统治阶级在扬州建有王洗马园、卞园、员园、贺园、冶春园、南园、郑御史园、筱园等，号称八大名园。乾隆时因高宗（弘历）屡次“南巡”，为了满足尽情享乐的欲望，便大事建筑亭、台、阁、园①。扬州的绅商们想争宠于皇室，达到升官发财的目的，也大事修建园林。自瘦西湖至平山堂一带，更是“两堤花柳全依水，一路楼台直到山。”有二十四景之称，并著名于世。所以李斗《扬州画舫录》卷六中引刘大观言：“杭州以湖山胜，苏州以市肆胜，扬州以园林胜，三者鼎峙，不可轩轾，洵至论也。”清朝的统治阶级正利用这种“南巡”的机会进行搜括，美其名为“报效”。商人也在盐中“加价”，继而又“加耗”。皇帝还从中取利，在盐中提成，名“提引”。皇帝又发官款借给商人，生息取利，称为“帑利”。日久以后，“官盐”价格日高，商人对盐民的剥削日益加重，而广大人民的吃盐也更加困难。封建的官商，凭着搜括剥削得来的资金，不惜任意挥霍，争建大型园林与住宅，做了控制它命运的主人。封建社会的统治阶级与豪绅富贾，以这种动机和企图来对待劳动人民所造成的园林作品，自然使这些园林蕴藏着难以久长的因素。这

① 《水窗春呓》卷下《维扬胜地》条：“扬州园林之胜，甲于天下。由于乾隆六次南巡，各盐商穷极物力以供宸赏。计自北门抵平山，两岸数十里楼台相接，无一处重复，其尤妙者在虹桥迤西一转，小金山矗其南，五顶桥锁其中，而白塔一区雄伟古朴，往往夕阳返照，萧鼓灯船，如入汉宫图画。盖皆以重资广延名士为之创稿，一一布置使然也。城内之园数十，最旷逸者断推康山草堂，而尉氏之园，湖石亦最胜，闻移植时费二十余万金。其华丽缜密者，为张氏观察所居，俗称谓张大麻子是也。张以一寒士，五十外始补通州运判，十年而拥资百万，其缺固优，凡盐商巨案皆令其承审，居闲说合，取之如携，后已捐升道员分发甘肃。蒋相国为两江，委其署理运司，为言官所纠，罢去，蒋亦由此降调。张之为人盖亦世俗所谓非常能员耳。余于戊戌（道光十八年，即1838年）赘婚于扬，曾往其园一游，未几日即毁于火，犹幸眼福之未差也。园广数十亩，中有三层楼可瞰大江，凡赏梅、赏荷、赏桂、赏菊，皆各有专地。演剧宴客，上下数级如大内式。另有套房三十余间，回环曲折不知所向，金玉锦绣四壁皆满，禽鱼尤多。……”

■ 扬州何园接风亭

时期的园林兴造之风，正如《扬州画舫录》谢溶生序文中说："增假山而作陇，家家住青翠城闉；开止水以为渠，处处是烟波楼阁。"流风所及，形成了一种普遍造园的风气。因此除瘦西湖上的园林外，如天宁寺的行宫御花园，法净寺的东西园，盐运署的题襟馆，湖南会馆的隶园，以及九峰园、乔氏东园、秦氏意园、小玲珑山馆等，都很著名。其他如祠堂、书院、会馆，下至餐馆、妓院、浴室等，也都模拟叠石引水，栽花种竹了。这种庭院内略微点缀的风气，似乎已成为建筑中不可缺少的部分。

从整个社会来看，乾隆以后，清朝的统治开始动摇，同时中国两千年的长期封建社会，也走向下坡，清帝就不再敢"南巡"了。国内的阶级矛盾与民族矛盾，正酝酿着大规模的斗争，西方资本主义的浪潮日益紧逼，从而摇动了封建社会的基础。到嘉庆时，扬州盐商日渐衰落。鸦片战争后，继以《江宁条约》五口通商，津浦铁路筑成，同时海上交通又日趋发达，扬州在经济、交通上便失去了其原有的地位。早在道光十四年（1834年），阮元作《扬州画舫录跋》，道光十九年（1839年）又作《后跋》，历述他所看见的衰败现象，已到了"楼台荒废难留客，林木飘零不禁樵"的地步，比太平天国军于一八五三年攻克扬州还早十九年。由此可见，过去的许多记载，把瘦西湖一带园林被毁坏的责任，强加于农民革命军身上，显然是非常错误的。咸丰、同治以后，扬州已呈

① 《水窗春呓》卷下广陵名胜条："扬州则全以园林亭榭擅长，虽皆由人工，而匠心灵构。城北七八里，夹岸楼舫，无一同者，非乾隆六十年物力人才所萃，未易办也。嘉庆一朝二十五年，已渐颓废。余于己卯（嘉庆二十四年，即1819年）、庚辰（嘉庆二十五年，即1820年）间侍母南归，犹及见大小虹园，华丽曲折，疑游蓬岛，计全局尚存十之五六。比戊戌（道光十八年，即1838年）赘姻于邗，已逾二十年，荒田茂草已多，然天宁门外之梅花岭东园、城闉清梵、小秦淮、虹桥、桃花庵、小金山、

时兴时衰的“回光返照”状态，所谓“繁荣”只是靠镇压太平天国革命起家的官僚富商，在苟延残喘的清朝统治政权的末期，粉饰太平而已。民国以后，在军阀、国民党反动派以及日伪的统治下，整个国民经济到了山穷水尽的地步，园林与大型住宅被破坏得更多。兼以“盐票”的取消，盐商无利可图，坐吃山空，因而都以拆屋售料、拆山售石为生，而反动派又强占园林不加保护，几乎被毁坏殆尽①。

解放以后，在党的正确领导下，建立了扬州市文物管理委员会与扬州市园林管理处，加以维护和修整，使这份文化遗产重显其青春。

扬州位于我国南北之间，在建筑上有其独特的成就与风格，是研究我国传统建筑的一个重要地区。很明显，扬州的建筑是北方“官式”建筑与江南民间建筑两者之间的一种介体。这与清帝“南巡”、四商杂处、交通畅达等有关，但主要的还是匠师技术的交流。清道光间钱泳的《履园丛话》卷十二载：“造屋之工，当以扬州为第一。如作文之有变换，无雷同，虽数间之筑，必使门窗轩豁，曲折得宜……盖厅堂要整齐，如台阁气象；书斋密室要参差，如园亭布置，兼而有之，方称妙手。”在装修方面，也同样考究，据同书卷十二载：“周制之法，惟扬州有之。明末有周姓者，始创此法，故名周制。”北京圆明园的重要装修，就是采用“周制”之法，由扬州“贡”去的。（从周案：据友人王世襄说：“所谓‘周制’，当指周翥所制的漆器，见谢堃《金玉琐碎》……故钱泳说：‘明末有周姓者，始创此法。’不可信。”）其他名匠谷丽成、成烈等，都精于宫室装修。姚蔚池、史松乔、文起、徐履安、黄晟、黄履暹兄弟（履昊、履昂）等，对建筑及布置方面都有不同造诣。又据《扬州画舫录》卷二记载：“扬州以名园胜，名园以叠石胜。”在叠石方

云山阁、尺五楼、平山堂皆尚完好。五六七诸月，游人消夏，画船箫鼓，送夕阳，醉新月，歌声遏云，花气如雾，风景尚可肩随苏杭也。……”

《龚自珍全集第三辑：己亥（道光十九年，即1839年）六月重过扬州记》：“居礼曹，客有过者曰：卿知今日之扬州乎?读鲍照芜城赋，则过之矣。余悲其言。……扬州三十里首尾屈折高下见。晓雨沐屋，瓦鳞鳞然，无零甃断甓，心已疑礼曹过客言不实矣。……客有请吊蜀岗者，舟甚捷……舟人时时指两岸曰，某园故址也，某家酒肆故址也，约八九处，其实独倚虹园圮无存。曩所信宿之西园，门在，悬榜在，尚可识，其可登临署尚八九处，阜有桂，水有芙蕖菱芡，是居扬州城外西北隅，最高秀。”从周案：龚氏匆匆过扬州，所见甚略，文虽如是，难掩荒败之景。

钱泳《履园丛话》卷二十《平山堂》条：“扬州之平山堂，余于乾隆五十二年（1787年）秋始到，其时九峰园、倚虹园、西园曲水、小金山、尺五楼诸处，自天宁门起，直到淮南第一观，楼台掩映，朱碧新鲜，宛入赵千里仙山楼阁。今隔三十余年，几成瓦砾场，非复旧时光景矣……”

面，扬州名手辈出，如明清两代叠影园山的计成，叠万石园、片石山房的石涛，叠白沙翠竹与江村石壁的张涟，叠怡性堂宣石山的仇好石，叠九狮山的董道士，叠秦氏小盘谷的戈裕良，以及王天于（从周案：朱江同志据扬州博物馆藏王氏遗嘱，认为应作王庭余。王殁于道光十年〔1830年〕，寿八十）、张国泰等。晚近有叠萃园、怡庐、匏庐、蔚圃和冶春等的余继之。他们有的是当地人，有的是客居扬州的。在叠山技术方面，他们互相交流，互相推敲，都各具有独特的造诣，在扬州留下了不少的艺术作品，使我国叠山艺术得到了进一步的提高。

★ 扬州寄啸山庄圆亭

关于扬州园林及建筑的记述，除通志、府志、县志记载外，尚有清乾隆间的《南巡盛典》、《江南胜迹》、《行宫图说》、《名胜园亭图说》、程梦星《扬州名园记》、《平山堂小志》、汪应庚《平山堂志》、赵之壁《平山堂图志》、李斗《扬州画舫录》，以及稍后的阮中《扬州名胜图记》、钱泳《履园丛话》、道光间骆在田《扬州名胜图》和晚近王振世《扬州览胜录》、董玉书《芜城怀旧录》等，而尤以《扬州画舫录》记载最为详实，其中《工段营造录》一卷，取材于《大清工部工程做法则例》与《圆明园则例》，旁征博引，有历来谈营造所不及之处。但是这些书有的着重歌颂帝王的巡幸，有的赞叹盐商的豪举，有的思古怀旧，都是在粉饰太平、侈谈风雅、留恋光景的意识上写的，至今还有人深受它的诱惑，这是研究扬州历史所应注意的。

扬州位于长江下游北岸，与镇江隔江对峙，南濒大江，北负蜀冈，西有扫垢山，东沿运河，就地势而论，较为平坦，西北略高而东南稍低。土壤大体可分两类：西北山丘地区属含钙的粘土；东南为冲积平原，地属砂积土；地面上则多瓦砾层。扬州气候属北温带，为亚热带的渐变地区。夏季最高平均温度在30℃左右，冬季最低平均温度在1—2℃。因为离海很近，夏季有海洋风，所以较为凉爽，冬季则略寒冷。土壤冻结深度一般为10—15厘米，年降雨量一般都在1 000毫米以上。属季候风区域，夏季多东风，冬季多东北风。常年的主导风向为东北风。在台风季节，还受到一定的台风影响。

扬州的自然环境，既具有平坦的地势，温和的气候，充沛的雨量以及较好的土质，有利于劳动生产与生活，又地处交通的中心，商业发达，因此历来便成为繁荣的所在，促进了建筑的发展。不过在这样的自然条件下，以建筑材料而论，扬州仍然是缺乏木材与石料的，因此大都仰给于外地。在官僚富商的住宅与园林中，更出现了珍贵的建筑材料，如楠木、紫檀、红木、花梨、银杏、大理石、高资石、太湖石、灵璧石、宣石等。

今日扬州园林与住宅的分布，比较集中在城区，而最大的建筑又多在新城部分。按其发展情况，过去旧城居住者，为士大夫与一般市民，而新城则多盐商。清中叶前，盐商多萃集在东关街一带，如小玲珑山馆、寿芝园（个园前身）、百尺梧桐阁、约园与后来的逸圃等。较晚的有地官第的汪氏小苑、紫气东来巷的沧州别墅等，亦与此相邻。同时又渐渐扩展到花园巷南河下一带，如秋声馆、随月读书楼、片石山房、棣园、小盘谷、寄啸山庄等。这些园林与住宅的四周都筑有高墙，外观多半与江南的城市面貌相似。旧城部分建筑，一般较低小，但坊巷排列却很整齐，还保留了苏北地区朴素的地方风格。这是与居住者的经济基础分不开的。较好的居住区，总是在水陆交通便利，接近盐运署和商业地区。

目前扬州城区还保存得比较完整的园林，大小尚有三十处。具有典型性的，要推片石山房、个园、寄啸山庄、小盘谷、逸圃、余园、怡庐和蔚圃等。住宅为数尚多，如卢宅、汪宅、赵宅、魏宅等，皆为不同类型的代表。我们几年来作了较全面的调查与重点的测绘，可提供一份研究扬州园林与住宅的参考资料。

园　林

片石山房一名“双槐园”，在新城花园巷何芷舠宅内，初系吴家龙

■ 扬州何园曲廊

的别业，后属吴辉谟[①]。今尚存假山一丘，相传为石涛手笔，誉为石涛叠山的“人间孤本”。假山南向，从平面看来是一座横长形的倚墙山。西首以今存气势来看，应为主峰，迎风耸翠，奇峭迎人，俯临着水池。人们从飞梁（用一块石造成的桥）经过石磴，有腊梅一株，枝叶扶苏，曲折地沿着石壁，可登临峰顶。峰下筑正方形的石室（用砖砌）二间，所谓片石山房，就是指此石室说的。向东山石蜿蜒，下面筑有石洞，很是幽深，运石浑成，仿佛天然形成。可惜洞西的假山已倾倒，山上的建筑物也不存在，无法看到它的原来全貌了。这种布局的手法，大体上还继承了明代叠山的惯例，不过重点突出，使主峰与山洞都更为显著罢了。全局的主次分明，虽然地形不大，布置却很自然，疏密适当，片石峥嵘，很符合片石山房的这个名字的含义。扬州叠山以运用小料见长。石涛曾经叠过万石园，想来便是运用高度的技巧，将小石拼镶而成。在

① 清嘉庆《江都县续志》卷五：“片石山房在花园巷，吴家龙辟，中有池，屈曲流前为水榭，湖石三面环列，其最高者特立耸秀，一罗汉松踞其巅，几盈抱矣，今废。”
清光绪《江都县续志》卷十二：“片石山房在花园巷，一名双槐园，县人吴家龙别业，今粤人吴辉谟修葺之。园以湖石胜，石为狮九，有玲珑夭矫之概。”
续纂光绪《扬州府志》卷五：“片石山房在徐宁门街花园巷，一名双槐园，旧为邑人吴家龙别业。池侧嵌太湖石，作九狮图，夭矫玲珑，具有胜概，今属吴辉谟居焉。”

堆叠片石山房之前，石涛对石材同样进行了周密的选择，以石块的大小，石纹的横直，分别组合摹拟成真山形状；还运用了他画论上的“峰与皴合，皴自峰生”（见石涛《苦瓜和尚论画录》）的道理，叠成“一峰突起，连冈断堑，变幻顷刻，似续不续”（见石涛《苦瓜小景》题辞）的章法。因此虽高峰深洞，却一点没有人工斧凿痕迹，显出皴法的统一，全局紧凑，虚实对比有方。按《履园丛话》卷二十：“扬州新城花园巷，又有片石山房者。二厅之后，湫以方池，池上有太湖石山子一座，高五六丈，甚奇峭，相传为石涛和尚手笔。其地系吴氏旧宅，后为一媒婆所得，以开面馆，兼为卖戏之所，改造大厅房，仿佛京师前门外戏园式样，俗不可耐。”据以上的记载与志书所记，地址是相符合的，二厅今尚存一座，面阔三间的楠木厅，它的建筑年代当在乾隆年间。山旁还存有走马楼（川楼），池虽被填没，可是根据湖石驳岸的范围考寻，尚能想象到旧时水面的情况。假山所用湖石，与记载亦能一致。山峰高出园墙，它的高度和书上记载的相若，顶部今已有颓倾。至于叠山之妙，独峰依云，秀映清流，确当得起“奇峭”二字。石壁、磴道、山洞，三者最是奇绝。石涛叠山的方法，给后世影响很大，而以乾嘉年间的戈裕良最为杰出。戈氏的叠山法，据《履园丛话》卷十二：“……只将大小石钩带联络，如造环桥法，可以千年不坏，要如真山洞壑一般，然后方称能事。”苏州的环秀山庄、常熟的燕园，与已毁的扬

扬州何园

扬州寄啸山庄圆亭

州秦氏意园小盘谷是他叠的，前二处今都保存了这种钩带联络的做法。

个园在东关街，是清嘉庆、道光间盐商两淮商总黄应泰（至筠）所筑。应泰别号个园，园内又植竹万竿，所以题名个园。据刘凤诰所撰《个园记》："园系就寿芝园旧址重筑。"寿芝园原来叠石，相传为石涛所叠，但没有可靠的根据，或许因园中的黄石假山，气势有似安徽的黄山，石涛喜画黄山景，就附会是他的作品了。个园原来范围较现存要大些。现今住宅部分经维修后，仅存留中路与东路，大门及门屋已毁，照壁上的砖刻很精工。住宅各三进。正路大厅明间（当中的一间），减去两根"平柱"，这样它的开间就敞大了，应该说是当时为了兼作观戏之用才这样处理的。每进厅旁，都有套房小院，各院中置不同形式的花坛，竹影花香，十分幽静。园林在住宅的背面，从"火巷"（屋边小弄）中进入；有一株老干紫藤，浓荫深郁，人们到此便能得到一种清心悦目的感觉。往前左转达复道廊（两层的游廊），迎面左右有两个花坛，满植修竹，竹间放置了参差的石笋，用一真一假的处理手法，象征着春日山林。竹后花墙正中开一月洞门，上面题额是"个园"。门内为桂花厅，前面栽植丛桂，后面凿池，北面沿墙建楼七间，山连廊接，木映花承，登楼可鸟瞰全园。池的西面原有二舫，名"鸳鸯"。与此隔水相对耸立着六角亭。亭倒映池中，清澈如画。楼西叠湖石假山，名"秋云"（黄石秋山对景，故云），秀木繁阴，有松如盖。山下池水流入洞谷，渡过曲桥，有洞如屋，曲折幽邃，苍健夭矫，能发挥湖石形态多变的特征。因为洞屋较宽畅，洞口上部山石外挑，而水复流入洞中，兼以石色青灰，在夏日更觉凉爽。此处原有"十二洞"之称。假山正面向阳，湖石石面变化又多，尤其在夏日的阳光与风雨中所起的阴影变化，更是好看，予人有夏山多态的感觉。因此称它为"夏山"。山南今很空旷，过去当为植竹的地方，想来万

★ 扬州寄啸山庄花墙

竿摇碧，流水湾环，又另生一番境界。从湖石山的磴道引登山巅，转至七间楼、经楼、廊与复道，可到东首的黄石大假山。山的主面向西，每当夕阳西下，一抹红霞，映照在黄石山上，不但山势显露，并且色彩倍觉醒目。山的本身拔地数丈，峻峭凌云，宛如一幅秋山图，是秋日登高的理想所在。它的设计手法，与春景夏山同样利用不同的地位、朝向、材料和山的形态，达到各具特色的目的。山间有古柏出石隙中，使坚挺的形态与山势取得调和，苍绿的枝叶又与褐黄的山石造成对比。它与春景用竹、夏山用松一样，在植物配置上，能从善于陪衬以加深景色出发，是经过一番选择与推敲的。磴道置于洞中，洞顶钟乳垂垂（以黄石倒悬代替钟乳石），天光隐隐从石窦中透入，人们在洞中上下盘旋，造奇致胜，构成了立体交通，发挥了黄石叠山的效果。山中还有小院、石桥、石室等与前者的综合运用，这又是别具一格的设计方法，在它处园林中尚是未见。山顶有亭，人在亭中见群峰皆置脚下，北眺绿杨城郭、瘦西湖、平山堂及观音山诸景，一一招入园内，是造园家极巧妙的手法，称为“借景”。山南有一楼，上下皆可通山。楼旁有一厅，厅的结构是用硬山式（建筑物只前后两坡用屋顶，两侧用山墙），悬姚正镛题“透风漏月”匾额。厅前堆白色雪石（宣石）假山，为冬日赏雪围炉的地方。因为要象征有雪意，将假山置于南面向北的墙下，看去有如积雪未消的样子。反之如将雪石置于面阳的地方，则石中所含石英闪闪作光，就与雪意相违，这是叠雪石山时不能不注意的事。墙东列洞，引隔墙春景入院，借用“大地回春”的意思。上山可通入园的复道廊，但此复道廊已不存。

★ 扬州小盘谷假山

个园以假山堆叠的精巧而出名。在建造时，就有超出扬州其他园林之上的意图，故以石斗奇，采取分峰用石的手法，号称四季假山，为国内唯一孤例。虽然大流芳巷八咏园也有同样的处理，却没有起峰。这种假山似乎概括了画家所谓“春山淡冶而如笑，夏山苍翠而如滴，秋山

■ 扬州寄啸山庄回廊

明净而如妆，冬山惨淡而如睡”（郭熙《林泉高致》），以及“春山宜游，夏山宜看，秋山宜登，冬山宜居”（戴熙《习苦斋题画》）的画理，实为扬州园林中最具地方特色的一景。

■ 扬州寄啸山庄漏窗

寄啸山庄在花园巷，今名“何园”。为清光绪间做道台的何芷舠所筑，是清代扬州大型园林的最后作品。由住宅可达园内。园后刁家巷另设一门，当时是为招待外客的出入口。住宅建筑除楠木厅外，都是洋房，楼横堂列，廊庑回缭，在平面布局上，尚具中国传统。从宅中最后进墙上的什锦空窗（砖框）中隐约地能见到园的一角。园中为大池，池北楼宽七楹，因主楼三间稍突，两侧楼平舒展伸，屋角又都起翘，有些像蝴蝶的形态，当地人叫做“蝴蝶厅”。楼旁连复道廊可绕全园，高低曲折，人行其间有随势凌空的感觉。而中部与东部，又用此复道廊作为分隔。人们的视线通过上下壁间的漏窗，可互见两面景色，显得空灵深远。这是中国园林利用分隔扩大空间面积的手法之一。此园运用这一手法，较为自如而突出。池东筑水亭，四角卧波，为纳凉拍曲的地方。此戏亭利用水面的回音，增加音响效果，又利用回廊作为观剧的看台。在封建社会，女宾只能坐在宅内贴园的复道廊中，通过疏帘，从墙上的什锦空窗中观看。这种临水筑台以增强音响效果的手法，今天还可以酌予采取，而复道廊隔帘观剧的看台是要扬弃的。如用空窗作为引景泄景，以加深园林层次与变化，当然还是一种有效的手法。所谓“景物锁难小牖通”，便是形容这种境界。池西南角为假山，山后隐西轩，轩南有牡丹台，随着山势层叠起伏，看去十分自然。这种做法并不费事，而又平易近人，无矫揉做作之态，新建园林中似可推广。越山穿洞，洞幽山危，黄石山壁与湖石磴道，尚宛转多姿，虽用不同的石类，却能浑然一体。山东麓有一水洞，略具深意，唯一头与柱相交接，稍嫌考虑不周。山南崇楼三间，楼前峰峦嶙峋，经山道可以登楼，向东则转入住宅复道。复道廊为叠落形（屋顶顺次作阶段高低），有游廊与复廊（一条廊中用墙分隔为二）两种形式，墙上开漏窗，巧妙地分隔成中东两部。漏窗以水磨砖对缝构成，面积很大，图案简洁，手法挺秀工整。廊东有四面厅，与三间轩相对置，院中碧梧倚峰，阴翳蔽日，阶下花街铺地（用鹅石子与碎砖瓦等拼花铺成的地面），与厅前砖砌阑凳极为相称，形成一种成功的作品。它和漏窗一样，亦为别处所不及，是具有地方风格的一种艺术品。厅后的假山，贴墙而筑，壁岩与磴道无率直之弊，假山体形不大，尚能含蓄寻味。尤其是小亭踞峰，旁倚粉墙之下，加之古木掩映，每当夕阳晚照，碎影满阶，发挥了中国园林中就白粉墙为底所产生的虚实景色。虽然面积不大，但景物的变化万千，在小空间的院落中，还是一种可取的手法。山西北有磴道，拾级可达楼层复道廊中的半月台，它与西部复道廊尽端楼层的旧有半月台，都是分别用来观看升月与落月的。在植物配置方面，厅前山间栽桂，花坛种牡丹芍药，山麓植白皮松，阶前植梧桐，转角补芭蕉，均以群植为主，因此葱翠宜人，春时绚烂，夏日浓荫，秋季馥郁，冬令苍青。这都有规律可循，是就不同植物的特性，因地制宜地安排的。此园以开畅雄健见长，水石用来衬托建筑物，使山色水光与崇楼杰阁、复道修廊相映成趣，虚实互见。又以厅堂为主，以复道廊与假山贯串分隔，上下脉络自存，形成立体交通、多层欣赏的园林。它的风景面则环水展开，花墙构成深深不尽的景色，楼台花木，隐现其间。此园建造时期较晚，装修已多新材料与新纹样，又另辟园门可招待外客等。其格局更是较之过去的为宏畅，使游者由静观的欣赏，渐趋动观的游览，而逶迤衡直，闿爽深密，曲具中国园林的特征，在造园手法上有一定程度的出新。但因其阶级的局限性，仍脱离不了狭窄的个人天地与没落的情趣。这园不失为这时期的代表作品。

★ 扬州大明寺花墙

小盘谷在大树巷。清光绪二十年后，两江、两广总督周馥购自徐姓重修而成。至民国初年复经一度修整。园在宅的东部，自大厅旁入月门，额名“小盘谷”。从笔意看来，似出陈鸿寿〔字曼生，杭州人。西冷八家印人之一，生于清乾隆三十三年（1768年），殁于道光二年（1822年）〕之手。花厅三间面山作曲尺形，游者绕到厅后，忽见一池汪洋，豁然开朗。厅侧有水阁枕流，以游廊相接，它与隔岸山石、隐约花墙，形成一种中国园林中惯用的以建筑物与自然景物相对比的手法。廊前有曲桥达对岸，桥尽入幽洞。洞很广，内置棋桌，利用穴窦采光，复临水辟门，人自此可循阶至池。洞左通步石（用石块置水中代桥）、崖道，导至后部花厅，厅前山尽头有磴道可上山。这里是一个很好的谷口，题为“水流云在”。山

★ 扬州大明寺平山堂

洞的处理，既开敞又曲折多变化，应该说是构筑山洞中的好实例。右出洞转入小院，向上折入游廊，可登山巅。山上有亭名风亭，坐亭中可以顾盼东西两部的景色。今东部布置已毁，正在修复中。其入口门作桃形额为“丛翠”。池北曲尺形厅，今已改建。山拔地峥嵘，名九狮图山。峰高约九米余，惜民国初年修缮时，略损原状。此园假山为扬州诸园中的上选作品。山石水池与建筑物皆集中处理，对比明显，用地紧凑。以建筑物与山石、山石与粉墙、山石与水池、前院与后园、幽深与开朗、高峻与低平等对比手法，形成一时难分的幻景。花墙间隔得非常灵活，山峦、石壁、步石、谷口等的迭置，正是危峰耸翠，苍岩临流，水石交融，浑然一片，妙在运用“以少胜多”的艺术手法。虽然园内没有崇楼与复道廊，但是幽曲多姿，浅画成图。廊屋皆不髹饰，以木材的本色出之。叠山的技术尤佳，足与苏州环秀山庄抗衡，显然出于名匠师之手。案清光绪《江都县续志》卷十二记片石山房云：“园以湖石胜，石为狮九，有玲珑夭矫之慨。”（据友人耿鉴庭云：“九狮石在池上亦有，积雪时九狮之状毕现。”今毁。）今从小盘谷假山章法分析，似以片石山房为蓝本，并参考其他佳作综合提高而成。又据《扬州画舫录》卷二云：“淮安董道士叠九狮山，亦籍籍人口。”卷六又云：“卷石洞天在城闉清梵之后……以旧制临水太湖石山，搜岩剔穴为九狮形，置之水中，上点桥亭，题之曰‘卷石洞天’。”扬州博物馆藏李斗书《九狮山》条幅，盛谷跋语指为“卷石洞天”九狮山，但未言系董道士所叠。据旧园主周叔弢丈及煦良先生说，小盘谷的假山一向以九狮图山相沿称，由来已很久，想系定有所据。我认为当时九狮山在扬州必不止一处，而以卷石洞天为最出名。董道士以叠此类假山而著名，其后渐渐形成了一种风气。董道士是乾隆间人，今证以峰峦、洞曲、崖道、壁岩、步石、谷口等，皆这一时期的手法，而陈鸿寿所书一额，时间又距离不太远。因此，我姑且提出这个假设。即使不是董道士的原作，亦必摹拟

■ 扬州片石山房

其手法而成。旧城南门堂子巷的秦氏“意园小盘谷”，系黄石堆叠的假山小品，乾嘉年间所筑，出于名匠师常州戈裕良之手，今不存。《履园丛话》卷十二载：“近时有戈裕良者，常州人，其堆法尤胜于诸家。”据此，则戈氏时期略迟于董道士。从秦氏小盘谷遗迹来看，山石平淡蕴藉，以“阴柔”出之，而此小盘谷则高险磅礴，似以“阳刚”制胜。这两位叠山名手同时作客扬州，那末这两件艺术作品，正是他们颉颃之作，用以平分秋色了。

东关街个园的西首，有园名逸圃，为李姓的宅园。从大门入，迎

面有月门，额书“逸圃”二字。左转为住宅。月门内有廊修直，在东墙叠山，委宛屈曲，壁岩森严，与墙顶之瓦花墙形成虚实对比。山旁筑牡丹台，花时若锦。山间北头的尽端，倚墙筑五边形半亭，亭下有碧潭，清澈可以照人。花厅三间南向，装修极精。外廊天花，皆施浅雕。厅后小轩三间，带东厢配以西廊，前置花木山石。轩背置小院，设门而常关，初看去与木壁无异。沿磴道可达复道廊，即由楼后转入隔园。园在住宅之后，以复道与山石相连，折向西北，有西向楼三间，面峰而筑。楼有盘梯可下，旁有紫藤一架，老干若虬，满阶散绿，增色不少。此园与苏州曲园相仿佛，都是利用曲尺形隙地加以布置的，但比曲园巧妙，形成上下错综，境界多变。匠师们在设计此园时，利用“绝处逢生”的手法，造成了由小院转入隔园的办法，来一个似尽而未尽的布局。这种情况在过去扬州园林中并不少见，亦扬州园林特色之一。

怡庐是稽家湾黄宅（银钱商黄益之宅）花厅的一部分，系余继之的作品。余工叠山，善艺花卉，小园点石尤为能手。怡庐花厅计二进。前进的前后皆列小院。院中东南二面筑廊，西面则点雪石一丘，荫以丛桂。厅后翼两厢，小院的花坛上配石笋修竹，枝叶纷披，人临其间有滴翠分绿的感觉。厅西隔花墙，自月门中入，有套房内院，它给外院造成了“庭院深深深几许”的景色，又因外院的借景，内院便显得小中见大了。这是中国建筑中用分隔增大空间的手法，在居住的院落中是较好的例子。后厅亦三间，面对山石，其西亦置套房小院。从平面论，此小园无甚出人意料处，但建筑物与院落比例匀当，装修亦以横线条出之，使空间宽绰有余，而点石栽花，亦能恰到好处。至于大小院落的处理，又能发挥其密处见疏、静中生趣的优点。从这里可见，绿化及空间组合对小型建筑的重要性了。

余园在广陵路，初名“陇西后圃”。清光绪间归盐商刘姓后，就旧园修筑而成，又名“刘庄”。因曾设怡大钱庄于此，一般称怡大花园。园位于住宅之后，以院落分隔，前院南向为厅，其西缀以廊屋，墙下筑湖石花坛，有白皮松两株。厅后一院，西端多修竹。此墙下叠黄石山，由磴道可登楼。东院有楼北向筑。其下凿池叠山，而湖石壁岩，尤为这园精华的所在。

★ 扬州寄啸山庄坐凳栏杆

★ 扬州个园假山

陈氏“蔚圃”在风箱巷。东南角入门，院中置假山，配以古藤老柏，很觉苍翠葱郁。假山仅墙下少许，然有洞可寻，有峰可赏，自北部厅中望去，景物森然。东西两面配游廊，西南角则建水榭，下映鱼池，多清新之感。这小院布置虽寥寥数事，却甚得体。

蔚圃旁有杨氏小筑，真可谓一角的小园，原属花厅书斋部分。入门为花厅两间，前列小院，点缀少量山石竹木，以花墙分隔。旁有斜廊，上达小阁。阁前山石间有水一泓，因地位过小，以鱼缸聚水，配合很觉相称。园主善艺兰，此小园平时以盆兰为主花，故不以绚丽花木而夺其芬芳。此处虽不足以园称，然园的格局具备，前后分隔得宜，咫尺的面积，能无局促之感，反觉多左右顾盼生景的妙处。

扬州园林的主人，以富商为多。他们除拥有盘剥得来的物质财富外，还捐得一个空头的官衔，以显耀其身份，因此这些园林在设计的主导思想上与官僚地主的园林，有了些不同。最特出的地方，便是一味追求豪华，借以炫富有，榜风雅。在清康熙、乾隆时代，正如上述所说的还期望能得到皇帝的“御赏”，以达到升官发财的目的，若干处还摹拟一些皇家园林的手法。因此在园林的总面貌上，建筑物的尺度、材料的品类，都从高敞华丽方面追求。即以楼厅面阔而论，有多至七间的；其它楼层复道，巨峰名石，以及分峰用石的四季假山（个园、八咏园），和积土累石的“斗鸡台”（壶园有此）。更因多数富商为安徽徽州府属人，间有模似皖南山水者。建筑用的木材，佳者选用楠木，楼层铺方砖。地面除鹅石的“花街”外，院中有用大理石的。至于装修陈设的华丽等，都是反映了园主除享受所谓“诗情画意”的山水景色意图与炫耀其腐朽的生活方式外，还有为招待较多的宾客作为交际场所之意，因此它与苏州园林在同一的设计主导思想下，还多着这一层的原因。这种设计思想在大型的园林如个园、寄啸山庄等最容易见到。扬州的诗文与八怪的画派，在风格上亦比吴门派来得豪放沉厚，这多少给造园带来了一定感染与提高。无疑地要研究扬州园林，必须先弄清这些园主当时的物质力量与精神需要，根据主客观愿望，决定了其设计的要求与主导思想，因而影响了园林的意境与风格。

自然环境与材料的不同，对园林的风格是有一定影响的。扬州地势平坦，土壤干湿得宜，气候及雨量亦适中，兼有南北两地的长处。所以花木易于滋长，而芍药、牡丹尤为茂盛。这对豪华的园林来说，是最有利的条件。叠山所用的石材，又多利用盐船回载，近则取自江浙的镇江、高资、句容、苏州、宜兴、吴兴、武康等地，远则运自皖赣的徽州府属，宣城、灵璧、河口等处，更有少量奇峰异石罗致自西南诸省的，因此石材的品种要比苏州所用为多。

中国园林的建造，总是利用“因地制宜”的原则，尤其在水网与山陵地带。可是扬州属江淮平原，水位不太高，土地亦坦旷，因此在规划园林时，与苏杭一带利用天然地形与景色就有所不同了。大型园林多

扬州个园

扬州片石山房

数中部为池，厅堂又为一园的主体，两者必相配合。池旁筑山，点缀亭阁，周联复道，以花墙山石、树木为园林的间隔，造成有层次、富变化的景色。这可以个园、寄啸山庄为代表。中小型园林则倚墙叠山石，下辟水池，适当地辅以游廊水榭，结构比较紧凑。片石山房、小盘谷都按这个原则配置。庭院还是根据住宅余地面积的多寡，或院落的大小，安排少许假山立峰，旁凿小鱼池，筑水榭，或布置牡丹台，芍药圃，内容并不求多，便能给人以一种明净宜人的感觉。蔚圃与杨氏小筑即为其例。而逸圃却又利用狭长曲尺形隙地，构成了平面布局变化较多的一个突出的例子。总的说来，扬州园林在平面布局上较为平整，以动观与静观相结合。然其妙处在于立体交通，与多层观赏线，如复道廊、楼、阁以及假山的窦穴、洞曲、山房、石室，皆能上下沟通，自然变化多端了。但就水面与山石、建筑相互发挥作用来说，未能做到十分交融；驳岸多数似较平直，少曲折弯环；石矶、石濑等几乎不见，则是美中不足的地方。但从片石山房、小盘谷及逸圃、个园"秋云"山麓来看，则尚多佳处。又有"旱园水做"的办法，如广陵路清道光间建的员姓"二分明月楼"（钱泳书额），将园的地面压低，其中四面厅则筑于较高的黄石基上，望之宛如置于岛上，园虽无水，而水自在意中。嘉定县秋霞圃后部似亦有此意图，但未及扬州园林明显。我们聪明的匠师能在这种自然条件较为苛刻的情况下，达到中国艺术上的"意到笔不到"的表现方法是可贵的。扬州园林中的水面置桥，有梁式桥与步石两种，在处理方法上，梁式多数为曲桥，其佳例要推片石山房的利用石梁而作飞梁形，古朴浑成，富有山林的气氛；步石则以小盘谷所采用的最为妥帖。这些曲桥总因水位过低，有时转折太僵硬，而缺少自然凌波的感觉。这对园林桥来说，在建造时是应设法避免的。片石山房的用飞梁形式，即弥补了这些缺陷，而另辟蹊径了。

扬州园林素以“叠石胜”，在技术上，过去有很高的评价。因此今日所存的假山，多数以石为主，仅已损毁的秦氏小盘谷似由土石间用。因为扬州不产石，石料运自他地，来料较小，峰峦多用小石包镶，根据石形、石色、石纹、石理、石性等凑合成整体，中以条石（亦有用砖为骨架，早例推泰州乔园明构假山）铁器支挑，加固嵌填后浑然成章；即使水池驳岸亦运用这办法。这样做人工花费很大，且日久石脱堕地，破坏原形，即有极佳的作品，亦难长久保存。虽然如此，扬州叠山确有其独特的成就，其突出作品以雄伟论，当推个园。个园的黄石山高约九米，湖石山高约六米，因规模宏大，难免有不够周到的地方，但仍不失为上乘之作。以苍石奇峭论，要算片石山房了；而小盘谷的曲折委婉，逸圃的婀娜多姿，都是佳构。棣园的洞曲、中垂钟乳，为扬州园林罕见。其它寄啸山庄的石壁磴道，亦是较好的例子。在扬州园林的假山中，最为突出的是壁岩，其手法的自然逼真，用材的节省，空间的利用，似在苏州之上，实得力于包镶之法。片石山房、小盘谷、寄啸山

扬州寄啸山庄曲廊

★ 扬州逸圃假山

庄、逸圃、余园等皆有妙作，颇疑此法明末自扬州开始。乾嘉间董道士、戈裕良等人继承了计成、石涛诸人的遗规，并在此基础上得到更大的发展。总之，这些假山，在不同程度上，达到异形之山用不同之石，体现了石涛所谓“峰与皴合，皴自峰生”的画理。以高峻雄厚，与苏州的明秀平远互相颉颃，南北各抒所长。至于分峰用石及多石并用，亦兼补一种石材难以罗致之弊，而以权宜之计另出新腔了。堆叠之法一般皆与苏南相同。其佳者总循“水随山转，山因水活”原则灵活应用。胶合材料，明代用石灰加细砂和糯米汁，凝结后有时略带红色，常用之于黄石山；清代的颜色发白，也有其中加草灰的，适宜用于湖石山。片石山房用的便是后者。好的嵌缝是运用阴嵌的办法，即见缝不见灰，用于黄石山能显出其壁石凹凸多态，仿佛自然裂纹；湖石山采用此法，顿觉浑然一体了。不过像这样的水平，在全国范围内也较罕见。

在墙壁的处理上，现存的园林因为多数集中于城区，且是住宅的一部分，所以四周是磨砖砌的高墙，配合了砖刻门楼，外观很是修整平直。不过园林外墙上都加瓦花窗，墙面做工格外精细。它与苏南园林给人以简陋的园外感觉不同（苏南园林皆地主官僚所有），是炫富斗财的方法之一。内墙与外墙相同，凡在需增加反射效果或需花影月色的地方，酌情粉白。园既围以高墙，当然无法眺望园外景色，除个园登黄石山可“借景”城北景物外，余则利用园内的对景，来增加园景的变化。寄啸山庄的什锦空窗所构成的景色，真是宛如图画，其住宅与园林部分均利用空窗达到互相“借景”的效果。个园桂花厅前的月门亦收到引人入胜的作用。再从窗棂中所构成的景色，又有移步换影的感觉。在对比手法方面，基本与苏南园林相同，多数以建筑物与墙面山石作对比，运用了开朗、收敛、虚实、高下、远近、深浅、大小、疏密等手法，以小盘谷在这方面运用得最好。寄啸山庄能从大处着眼，予人以完整醒目的感觉。

扬州园林在建筑方面最显著的特色，便是利用楼层。大型园林固然如此，小型如二分明月楼，也还用了七间的长楼。花厅的体形往往较大，复道的延伸又连续不断，因此虽安排了一些小轩水榭，适与此高大的建筑起了对比作用。它与苏州园林的“婉约轻盈”相较，颇有用铜琶铁板唱“大江东去”的气概。寄啸山庄循复道廊可绕园一周，个园盛兴时，情况亦差不多。至于借山登阁，穿洞入穴，上下纵横，游者往往至此迷途，此与苏州园林在平面上的“柳暗花明”境界，有异曲同工之妙，不能单以平面略为平整而判其高下。

扬州园林建筑物的外观，介于南北之间，而结构与细部的做法，亦兼抒二者之长。就单体建筑而论，台基早期用青石，后期用白石，踏跺用天然山石随意点缀，很觉自然。柱础有北方的“古镜”形式，同时也有南方的“石鼓”形式，柱则较为粗挺，其比例又介于南北二者之间。窗则多数用和合窗，栏杆亦较肥健，屋角起翘，虽大都用“嫩戗发戗”（由屋角的角梁前端竖立的一根小角梁来起翘），但比苏南来得低平。屋脊则用通花脊，比苏南的厚重。漏窗、地穴（门洞）工细挺拔，图案形式变化多端，轮廓完整，与苏南柔和细腻的不同。门额都用大理石或高资石，而少用砖刻，此又是与苏州显然不同的。建筑的细部手法简洁工整，在线脚与转角的地方，略具曲折，虽然总的看来比较直率，但刚中有柔，颇耐寻味。色彩方面，木料皆用本色，外墙不粉白，此固然由于当地气候比较干燥的缘故，但也多少存有以原材精工取胜的意图。其内部梁架皆圆料直材，制作得十分工致完整，间亦有用扁作的。翻轩（建筑物前部的卷棚）尤力求豪华，因为它处于显著的地位，所以格外突出一些。内部以方砖铺地，其间隔有罩与槅扇，材料有紫檀、红木、楠木、银杏、黄杨等，亦有雕漆嵌螺甸与嵌宝的，或施纱隔的。室内家具陈设及屏联的制作，亦同样讲究。海梅（红木）所制的家具，与苏、广两地不同，手法和其它艺术一样，富有扬州“雅健”的风格。（参看住宅部分）

★ 扬州汪氏小苑

建筑物在园林中的布置，在

今日扬州所有的类型并不多，仅厅堂、楼、阁、亭、榭、舫、复道廊、游廊等，其组合似较苏南园林来得规则。楼常位于园的尽端最突出处，厅往往为一园之主体，有些厅加楼后，形成楼厅就必建在尽端了。其他的舫榭临水，轩阁依山，亭有映水与踞山的不同处理。如因地形的限制，则建筑物可做一半，如半楼、半阁、半亭等。虽仅数例，亦发挥了随宜安排的原则，以及同中求异，异中见其规律的灵活善变的应用。廊亦同样不出这些原则和方法，不过以环形路线为主，间有用作分隔的；形式有游廊、叠落廊、复廊、复道廊等。厅堂据《扬州画舫录》所载，名目颇多，处理别出心裁。今日常见的有四面厅、硬山厅、楼厅等。梁架多“回顶鳖壳”式（卷棚式的建筑，在屋顶部仍做成脊）。在材料方面，楠木与柏木厅最为名贵，前者为数尚多，后者今日已少见。园林铺地，大部分用鹅子石花街，间有用冰裂纹石的。在建筑处理上值得注意的，便是内部的曲折多变，其间利用套房、楼、廊、小院、假山、石室等的组合，造成“迷境”的感觉，这在现存的逸圃尚能见到，此亦扬州园林重要特征之一。

花木的栽植是园林中重要的组织部分。各地花木有其地方特色，因此反映在园林中亦有不同的风格。扬州花木因风土地理的关系，同一品种，其姿态容颜，也与南北两地有异。一般说来，枝干花朵比较硕秀。在树木的配置上，以松、柏、栝、榆、枫、槐、银杏、女贞、梧桐、黄杨等为习见。苏南后期园林中，杨柳几乎绝迹，然在扬州园林中却常能见到，且更具有强烈的地方色彩。因为此地的杨柳，在外形上高劲，枝条疏修，颇多画意，下部的体形也不大，植于园中没有不调和的感觉。梧桐在扬州生长甚速，碧干笼阴，不论在园林或庭院中，都给人以清雅凉爽之感，与柳色分占夏春二季

扬州寄啸山庄

■ 扬州个园

的风光。花树有桂、海棠、玉兰、山茶、石榴、紫藤、梅、腊梅、碧桃、木香、蔷薇、月季、杜鹃等。在厅轩堂前，多用桂、海棠、玉兰、紫薇诸品。其它如亭畔、榭旁的枫榆等，则因地位的需要而栽植。乔木、花树与建筑相衬托，在扬州园林中，前者作遮阴之用，后者贵在供观赏之需，姿态与色香还是占着选择的最重要标准。在假山间，为了衬托山容苍古，酌植松柏，水边配置少许垂杨。至于芭蕉、竹、天竹等，不论用来点缀小院，补白大园，或在曲廊转处、墙阴檐角，或与腊梅丛菊等组合，都能入画。书带草不论在山石边，树木根旁，以及阶前路旁，均给人以四季长青的好感，冬季初雪匀披，粉白若球。它与石隙中的秋海棠，都是园林绿化中不可缺少的小点缀。至于以书带草增假山生趣，或掩饰假山堆叠的疵病处，真有山水画中点苔的妙处。芍药、牡丹更是家栽户植。《芍药谱》(《能改斋漫录》十五，《芍药》条引孔武仲

■ 扬州个园

★ 扬州黄氏小园

《芍药谱》）载：“扬州芍药，名于天下，非特以多为夸也。其敷腴盛大而纤丽巧密，皆他州所不及。”李白诗（《送孟浩然之广陵》）：“烟花三月下扬州”，可以想见其盛况，因此花坛、药阑便在园林中占有显著的地位。其形式有以假山石叠的自然式，有用砖与白石砌的图案式，形状很多，皆匠心独运。春时繁花似锦，风光宛如洛城。树木的配合，仍运用了孤植与群植的两种基本方法。群植中有用同一品种的，亦有用混合的树群布置，主要的还是从园林的大小与造景的意图出发。如小园宜孤植，但树的姿态须加选择；大园多群植，亦须注意假山的形态，地形的高低大小，做到有分有合，有密有疏。若假山不高，主要山顶便不可植树；为了衬托出山势的苍郁与高峻，树非植于山阴略低之处不可，使峰出树梢之间，自然饶有山林之意了。此理不独植树如此，建亭亦然，而亭与树、山的关系，必高下远近得宜才是。山麓水边有用横线条卧松临水的，亦为求得画面统一的好办法。山间垂藤萝，水面点荷花，亦皆以少出之，使意到景生即可。至于园内因日照关系有阴阳面的不同，在考虑种树时应注意其适应性，如山茶、桂、松、柏等皆宜植阴处，补竹则处处均能增加生意。

扬州盆景刚劲坚挺，能耐风霜，与苏杭不同。园艺家的剪扎工夫甚深，称之为“疙瘩”、“云片”及“弯”等，都是说明剪扎所成的各种姿态特征的。这些都非短期内可以培养成。松、柏、黄杨、菊花、山茶、杜鹃、梅、玳玳、茉莉、金橘、兰、蕙等都是盆景的好主题。又有山水盆景，分旱盆、水盆两种，咫尺山林，亦多别出心裁。棕碗菖蒲，根不着土，以水滋养，终年青葱，为他处所不常见。他如艺菊，扬州花匠师对此有独到之技。以这些来点缀园林，当然锦上添花了。园林山石间因乔木森严，不宜栽花，就要运用盆景来点缀。这种办法从宋代起即运用了，不但地面如此，即池中的荷花，亦莫不用盆荷入池，因此谈中国园林的绿化，不能不考虑盆景。

按扬州画派的作品，以花卉为多。摹写对象当然为习见的园林花木，经画家们的挥洒点染，都成了佳作，则扬州园林中的花木其影响可见。反之，画家对园林花木批红判白，以及剪裁、配置、构图等，对花木匠师亦起了一定的启发与促进。扬州产金鱼；天然禽鸟兼有南北品种，且善培养笼鸟，这些对园林都有所增色。

总之，造园有法而无式，变化万千，新意层出，园因景胜，景因园异，其妙处在于“因地制宜”与相互“借景”，所谓“妙在因借”，做到得体（“精在体宜”），始能别具一格。扬州园林综合了南北的特色，自成一格，雄伟中寓明秀，得雅健之致，借用文学上的一句话来说，真所谓“健笔写柔情”了。而堂庑廊亭的高敞挺拔，假山的沉厚苍古，花墙的玲珑透漏，更是别处所不及。至于树木的硕秀，花草的华滋，则又受自然条件的影响与经匠师们的加工而形成。假山的堆叠，广泛地应用了多种石类。以小石拼镶的技术，以及分峰用石、旱园水做等因材致用、因地制宜的手法，对今日造园都有一定的借鉴作用。唯若干水池似少变化，未能发挥水在园林中的弥漫之意，未能构成与山石建筑物等相互成趣的高度境界。一般庭院中，亦能栽花种竹，荫以乔木，配合花树，或架紫藤，罗置盆景片石，安排一些小景。这些都丰富了当时城市居民的文化生活，同时集腋成裘，又扩大了城市绿化的面积，是当地至今还相沿的一种传统。

住　宅

卢宅在康山街。清光绪间盐商江西卢绍绪所建，造价为纹银七万两，是今存扬州最大的住宅建筑。大门用水磨砖刻门楼，配以大照壁。入门北向为倒座（与南向正屋相对的房屋），经二门有厅二进，皆面阔七间，以当中三间为主厅，其旁二间为会客读书之处，内部用罩（用木制漏空花纹做成的分隔）及槅扇（落地长窗）间隔，院中以大漏窗与两旁的小院区分。小院中置湖石花台，配以树木，形成幽静的空间，与中部畅达的大厅不同，再入为楼厅二进，面阔亦七间，系主人居住之处。厅后两进面阔易为五间，系亲友临时留居的地方。东为厨房，今毁。宅后有园名“意园”。池在园东北，濒池建书斋及藏书楼二进，自成一区。池东原有旱船，今亦废。园南依墙建盝顶亭，有游廊导向北部。余地栽

■ 扬州汪氏小苑

植乔木，以桂为主。这宅用材精选湖广杉木，皆不髹饰。装修皆用楠木，雕刻工细。虽建筑年代较迟，然屋宇高敞，规模宏大，是后期盐商所建豪华住宅的代表。

汪氏小苑（盐商汪伯屏宅）在地官第，民国间扩建，为今存扬州大住宅中最完整的一处。它分三路，各三进。东西花厅布置各别，东花厅入口用竹丝门，甚古朴。厅用柏木建造，内部置罩及槅扇。槅扇上嵌大理石，皆雕刻精工，作前后分隔之用。其南有倒座三间。院中置湖石山，有檐瀑，栽腊梅琼花。东有门，入内仅一小小余地，所谓明有实无，以达扩大空间的目的。西花厅以月门与小院相隔。院内有假山一丘，面东置船轩，缀以游廊，下凿小池，轩下砌砖台，可置盆景，映水成趣。自厅中穿月门以望院中，花木扶疏，山石参差，宛如画图。宅北后园列东西两部，间以花墙月门，西部北建花厅六间，用罩分隔为二。厅西有书斋三间，缀五色玻璃，其前有廊横陈，两者之间植紫薇两株，亭亭如盖，依稀掩映，内外相望有不尽之意。厅南叠假山为牡丹台。西部亦筑花台，似甚平淡。两部运用花墙间隔，人们的视线穿过漏窗月门望隔园景色，深幽清灵，发挥了很大的“借景”作用。这处当以住宅建筑占主要部分，而园则相辅而已，因面积不大，所以题为“小苑春深”。

赞化宫赵宅（布商赵海山宅），厅堂三进南向，门屋及厨房等附属建筑，皆建于墙外，花园亦与住宅以高墙隔离；但亦可由门屋直接入园，避免与住宅相互干扰。在建筑平面的分隔上来说，很是明晰。花园前部东向有书斋三间，以曲廊与后部分隔，后有宽敞的花厅两进，与住宅的规模很相称。

魏宅（盐商魏次庚宅）在永胜街，属中型住宅，大门西向，总体为不规则的平面。因此将东首划出长方形的地带作为住宅，西首不规则的

■ 扬州汪氏小苑

余地辟为园林，主次很是鲜明。住宅连倒座计四进，皆面阔五间。它的布置特点：厅为三间带两厢，旁皆配套房小院，在当时作为居住之用。这类套房，处理得很是恰当，它与起居部分，实连而似分，互不干扰。尤其小院，不论在采光通风与扩大室内外空间上，皆得到较好效果。园前狭后宽，前部邻大门处有杂屋，后部划分作前后二区，前区筑四面厅名“吹台”，郑板桥书额为“歌吹古扬州”，配以山石、玉兰、青桐，面对东南角建有小阁。后区为前区的陪衬，又东西划为二部分，东部置旱船，旁辅小阁，花墙下叠黄石山，栽天竹、黄杨，穿花墙外望，景色隐约。这园虽小，而置二大建筑物，尚能宽绰有余，是利用花墙划分得宜、互相得以因借之法，使空间层次增加，也是宅旁余地设计的一种方法。

■ 扬州汪氏小苑

扬州汪氏小苑四重门

仁丰里刘宅，宅不大，门东向。入内沿门屋筑西向屋一排，前有高墙，天井作狭长形，可避夏季炎阳与冬季烈风；而夏季因墙高地狭，门牖爽通，反觉受风较多。墙内南向厅三进，而末进除置套房外，更增密室（套房内的套房）。厅旁有花墙，过月门，内有花厅，置山石花木。整个建筑设计是灵活运用东向基地的一个例子。

大武城巷贾宅，清光绪间盐商贾颂平所有。大门东向，厅计二路，皆南向而建。而东部诸厅设计尤妙，每一厅皆有庭院，有栽花植竹为花坛，有凿池叠石为小景，再环以游廊，映以疏棂，多清新之意。宅西偏原有园林，今废。

仁丰里辛园，为周挹扶宅，大门东向。入内筑西向房屋一排，为扬州东向基地的惯用手法。南向的厅与东西两廊及倒座构成四合院。厅西花厅入口处建一半亭，对面为书斋，厅南以花墙间隔。其外尺余空地留作虚景，老桂树超出花墙之上，秋时满院飘香，人临其境，便体会到一种天香院落的境界（桂树必周以墙，香不散）。厅后西通月门，有额名“辛园”。园内中凿鱼池，有曲桥，旁建小亭。花厅装修以银杏木本色制成，未髹漆更是雅洁。厅前以白石拼合铺地，很是平整。此宅居住部分小，绿化范围大，平面上的变化比较多，是过去宅主在扩建中逐步形成的。

石牌楼黄氏汉庐，清道光间为金石书画家吴熙载的故居。大门北向，入门有院，其西首的“火巷”可达南向的四合院。院以正屋与侧座相对而建，院子作横长形，石板墁地。此为北向住宅的一例。

甘泉路匏庐，民国初年资本家卢殿虎建。门西向，入内南向筑大厅，其南端为花厅。厅北以黄石叠花坛。厅南以湖石叠山，殊葱郁，山右构水轩，蕉影拂窗，明静映水。极西门外，北端又有黄石一丘。越门可绕至厅后。宅的东部，有一片曲尺形地，以游廊花墙通贯。小池东南隅筑方亭，隔池尽端筑小轩三间，皆随廊可达，面积虽小，尚觉委宛紧凑。此宅是利用西门南向及不规则余地设计的一例。

丁家湾某宅，是扬州用总门的住宅。总门内东西各有二宅，东宅有三合院，天井中以花墙分隔，形成前后两部分，而房屋面阔皆作两间，处理很灵活。西宅正屋二进皆三合院，面阔作三间，二进的三合院排列又非一致。此类住宅有因地制宜，分隔自由的好处。

■ 扬州何园绿荫拂窗

扬州琼花观琼花台

牛背井二号某宅，为最小住宅的一例。南向，入门仅厅三间，由厢房倒座构成一个四合院。外附厨房。这种平面布局是扬州住宅的基本单元了。

扬州城由平行的新旧二城组合成今日的城区。运河绕城，小秦淮自北门流入，为新旧二城的分界。旧城南北又以汶河贯串，所以河道都是南北平行的。由于河道平直，道路及建筑物可以得到较规则的布局。其间主要干道为通东西南北的十字大街，与大街垂直的便是坊巷。这一点在旧城更为突出。巷名称头巷、二巷……九巷，和北京的头条胡同、二条胡同相似。新城因后期富商官僚的大住宅与若干商业建筑的发展，布局比旧城零乱，颇受江南城市风格的影响。新城的湾子街就不是垂直线，好像北京的斜街，是一条交通捷径。在这许多街道中，掺杂了不少小巷，有的还是“死胡同”，因此看来似乎复杂，其实仍旧井然有条，脉络自存。过去大的巷口还建有拱门，当地称为“圈门”。它是南北街坊布置的介体，兼有南北城市街坊布置的特征。

住宅是按街巷的朝向布置，处理上大体符合“因地制宜”的要求，较为灵活，而内部尤曲折多变。住宅主要位于通东西坊巷中，因此都能取得正南的朝向，或北门南向。通南北的坊巷中，亦有许多住宅，不过为数较少。因为要利用正南或偏南的朝向，于是产生了东门南向，或西门南向的住宅。又运用总门的办法，将若干中小型不同平面的住宅，利用一个总门，非常灵活地组合成一个整体。这样在坊巷中，它的外貌仍旧十分整齐，而内部却有许多变化，这是大中藏小、集零成整的巧办法。在封建社会，不但能满足了聚族而居的生活方式和封建家族的治安防卫，并且在市容整齐等方面，也相应地带来了一定的好处。

■ 扬州个园高墙漏窗

扬州城区，今日尚存有较多的大中型住宅。这些住宅的特点，是都配合着大小不等的园林和庭院，使居住区中包括了充裕的绿化地带，形成了安适的居住环境。

住宅平面一般是采用院落式，以面阔三间的厅堂为主体，更有面

■ 扬州个园

扬州个园雄狮石

阔到五间的，即《工段营造录》所谓："如五间则两梢间设槅子或飞罩，今谓明三暗五。"也有四间、两间的，皆按地基面积而定。虽然也有面阔七间的，其实仍以三间为主，左右各加两间客厅，如康山街卢宅的厅堂。大中型住宅旁设弄，名"火巷"，是女眷"仆从"出入之处。如大型住宅有两路以上的"火巷"，又为宅内主要交通道。扬州的"火巷"，比苏州"避弄"（俗称备弄，今据明代文震亨著《长物志》卷一）开朗修直，给居住者以明洁坦直的感觉，尤其以紫气东来巷龚姓沧州别墅的"火巷"最为广阔，当时可乘轿出入。厅堂除一进不连庑的"老人头"外，尚有两面连庑的"曲尺房"（由两面建筑物相连，平面形成曲尺形），三面连庑的"三间两厢"（厅堂左右加厢的三合院），以及"四合头"（四合院）、"对合头"（两厅相对又称对照厅）等。但是"三间两厢"及"四合头"作走马楼的称"串楼"。厅堂的排列顺序，前为大厅，后为内厅（女厅），即所谓"上房"（主人所住的地方），多作三

扬州寄啸山庄假山

间，《工段营造录》称“两房一堂”（两间房一间起居室）。旁边大都置套房，还有再加密室的，如仁丰里刘宅还能见到。厅旁建圭形门、长八方形门，或月门通花厅或书房。墙外附厨房、杂屋及“下房”（仆从居住），使与主人的生活部分隔离，充分反映了封建社会的阶级差别。套房与密室数目的多少，要看建屋需要的曲折程度而定，越曲折则套房、密室越多。《工段营造录》：“……三间居多，五间则藏东西梢间于房中，谓之套房，即古密室、复室、连房、闺房之属。”在这类套房前面，皆设小院，置花坛，夏日清风徐来，凉爽宜人，入冬则朔风不到，温暖适居。在封闭性的扬州住宅中，采用这种办法还是切合当时实际的。书房小者一间、两间，大者兼作花厅，一般都是三间。其前必叠石凿池，点缀花木修竹；或置花坛、药阑等，形成一种极清静的环境。在东门南向或西门南向的住宅，门屋旁的房屋，则属账房、书塾及杂屋等次要房屋。这些屋前的天井狭长，仅避日照兼起通风的作用。大门北向的住宅，则以“火巷”为通道，导至前部进入南向的主屋。

扬州个园“火巷”

扬州住宅的外观，在中型以上的住宅，都按居住者的地位设照壁。大者用八字照壁，次者一字照壁，最次者在对户他宅的墙上，用壁面隐出方形照壁的形状。华丽的照壁，贴水磨面砖，雕刻花纹，正中嵌“福”字，像个园大门上的，制作精美。外墙以清水砖砌叠，讲究的用磨砖对缝做法。门楼用砖砌，加砖刻。最华丽的作八字形，复加斗栱藻井，如东圈门壶园大门即是。一般亦有用平整的磨砖贴面，简洁明快。按扬州以八刻著世（砖刻、牙刻、木刻、石刻、竹刻、漆刻、玉刻、磁刻），砖刻为其中之一。大门髹黑漆，刊红门对，下有门枕石。石刻丰富多彩，大小按居住者地位而定。屋顶皆作两坡顶，屋脊较高，用漏空脊（屋脊以瓦叠成空花形），与高低叠落的山墙相衬托。有时在外墙顶开一排瓦

■ 扬州个园清漪亭

花窗，可隐约透出院中树梢与藤萝，自然形成一种整齐而又清新的外貌，给巷景增加了生趣。

入大门，迎面为砖刻土地堂，倚壁而建，外形与真实建筑相似。它的雕刻和大门门楼的形式相协调，是内照壁中最令人注目的。虽同时想起一定的装饰作用，但总是封建迷信的产物，理应扬弃。门屋院内以砖或石墁地。二门与大门的形制相类似。厅堂高敞轩豁，一般用质量很高的本色杉木，而大住宅的厅堂又有用楠木、柏木，《工段营造录》载有用杪椤的。木材加工有外施水磨的，更是柔和圆润了。这种存素去华的大木构架，与清水砖墙的格调一致。厅堂外檐施翻轩，明间用槅扇，次间和厢房用和合窗。后期的建筑，则有改用槛窗的。在内厅与花厅，明间的槅扇只居中用两扇，两旁仍旧用和合窗。楼厅的槛窗，如槛墙改用栏杆，则内装活动的木榻板，在炎热季节可以卸除，以便通风。在分隔上，内院往往以花墙来区分，用地穴（门洞）贯通。地穴有门可开启。

院落的大小与建筑物高度的比例，一般为1∶1，在扬州地区能有充分的日照。夏日上加凉棚，前后门牖洞开，清风自引。从地穴中来的兜风，更是凉爽。到冬季，将地穴门关闭，阳光满阶，不觉有严寒的袭人。这些花墙与重重的门户，增加了庭院空间感与深度，有小宅不见其狭，大宅不觉其旷的好处。这在解决功能的前提下，又扩大了艺术效果。大厅的院子用横长形，有的配上两厢或两廊，使主体突出。内厅都带两厢，院子形成方形，房屋进深一般比苏南浅，北面甚至有不设窗牖的。这因夏季较凉爽，冬季在室内需要较多日照的原故。

室内的空间处理，主要希望达到有分有合，曲折有度，使用灵活，人处其间觉含蓄不尽的设计意图。因此在花厅中，必用罩或槅扇，划成似分非分、可大可小的空间，既有主次，又有变化。如仁丰里辛园、地官第小苑皆可见到。厅室前面的翻轩，在进深较大的建筑中，有用两卷（两个翻轩）的，如康山街卢宅。内室与套房有主副之别，似合又分。内室往往连厢房，而以罩或槅扇分间。罩以圆光罩（罩作圆形的）为多，有的还施纱槅（罩的花纹中夹纱），雕刻多数精美。书房中亦可自由划分，应用上均较灵活。厅堂皆露明造（不用天花），亦不施草架（用两层屋顶）。居住房屋有酌用天花的。花厅内部亦有作轩顶（卷棚）。房屋内都墁方砖，砖下四角置复钵的“空铺”法（见《长物志》卷一），垫黄沙，磨砖对缝，既平且无潮湿之患。卧室内冬天上置木地屏（方形木制装脚的活动地板）以保暖，同时亦减低了室内空间的净高。有些质量高的楼厅，两层亦墁砖，更有再加上地屏的，能使履步无声，

扬州个园庭院小窗

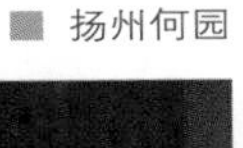

扬州何园

青砖院墙，漏窗千姿

与明代《长物志》卷一上所说“与平屋无异”的办法相符合。这些当然只会在高级的住宅中出现，一般近期的住宅，则皆用地板了。

内外墙都用砖实砌，在质量高的住宅中用清水砖，经济的住宅则用灰泥拼砌大小不等的杂砖，外表也很整齐。在外墙的转角，当一人高的地位，为了便利交通，用抹角砌。廊壁部分刷白，内壁用木护壁，其余仍保存砖的本色。天井铺地，通常用砖石铺。砖铺有方砖、条砖平铺，及条砖仄铺的。石铺则用石板与冰裂纹铺，更有用大方块大理石、高资石拼铺的。柱础用“古镜”式。在明代及清代早期的建筑中，还沿用了“碛”形石础。大住宅皆用“石鼓”，或再置垫“复盆”础石，取材用高资石，兼有用大理石的。

柱都为直径。明代住宅的柱顶，尚存“卷杀”（曲线）的手法，比例肥硕，柱径与柱高的比例约为1∶9，如大东门毛宅大厅的。现在一般见到的比例在1∶10—1∶16之间。柱的排列，与《工段营造录》所说“厅堂无中柱，住屋有中柱”

大宅厅堂座椅，靠背雕工精湛

一致。大厅明间有用通长额枋，而减去平柱两根，此为便利观剧，不阻碍视线。梁架做法可分为三种：一是苏南的扁作做法；二是圆料直材，在扬州最为普遍；三是介于直梁与月梁（略作弯形的梁）间的介体，将直梁的两端略作“卷杀”，下刻弧线，看来似受徽式建筑的影响。这三种做法中，以第二种足以代表扬州的风格。尚有北河下吴宅，建筑系出宁波匠师之手，应当是孤例了。圆料的梁架，用材挺健，而接头处的卯榫，砍杀尤精，很是准确。一般厅堂，主要梁架在前后柱间施五架梁，上置蜀柱，再安三架梁与脊瓜柱，不过檩下不施枋及垫板，与《工段营造录》所示不符，当为苏北地方做法。从结构上来说，似有不够周到的地方。花厅有用六架卷棚的，其山墙作圆形叠落式。豪华的厅堂，有改为方柱方梁的，系《工段营造录》所谓方厅之制。翻轩一般为海棠轩（椽子弯作海棠形），或菱角轩（椽子弯作菱角状），但多变例。此外鹤胫轩（椽子弯如鹤胫）也有见到，总的以船篷轩为多，草架只偶有用在翻轩之上。

栏杆的比例一般较高，花纹常用拐子纹，四周起凸形线脚。檐下

■ 厅堂明间梁架

挂落也很简洁，都与整个建筑物立面保持协调。屋顶在望砖上瓪瓦。其瓦饰如勾头滴水等，勾头的下部较长，滴水的上部加高，形式渐趋厚重。

扬州城区住宅的给水问题，除小秦淮与汶河一带有河水可应用外，住宅内皆有水井，少则一口，多者几口。其地位有在院子中、厨房前、园中，或“火巷”内，更有掘在屋内的暗井（无井栏）。坊巷中的公共用井随处可见。凡在井的边墙，必砌发券（杭绍一带用竖立石板），以免墙身下陷，也是他处所罕见的。井水除洗涤及供作饮料外，必要时还可作消防用水。此外，住宅内还置有积储檐漏供食用的天落水缸，与供消防用的储水缸并备。每宅院子中有窨井，在大门外有总的下水道。至于池中置鱼缸，则供金鱼栖息度冬用。

住宅中庭院绿化，可参看园林部分。

扬州住宅建筑，在外观上是修整挺健的，对城市面貌起到一定的影响。这许多井然有序的居住区，在我国旧城市中还是较少有的。它的优点是明洁宁静，大中寓小，分合自如。在空间处理上，注意到院落分隔与宽狭的组合，以及日照与通风的合理解决办法。建筑物不论大小，都配置恰当，比例匀整，用地面积亦称经济，达到居之者适，观之者畅的目的。在平面处理上，能“因地制宜”，巧于安排。不论何种朝向的地形，皆能得到南向；不论何种大小的地形，皆能有较好的空间组合与解决了功能上的需要。而建筑手法，介于南北二地之间，以工整见长。这些都是扬州住宅的特征。无疑地，扬州住宅是封建社会商业城市的产物，在设计的主意与

■ 庭院玉兰

扬州个园假山

功能上，是从满足当时宅主的需要出发的，有它很大的阶级局限性，如封闭性的高墙，大型住宅中力求豪华的装修，以及过多的厅堂与辅助建筑占用了实际住房的面积等，这些设计方法都是今日应该扬弃的。扬州的园林与住宅，在我国建筑史上有其重要的价值，也是研究扬州经济与文化发展及统治阶级官僚富商对劳动人民残酷剥削史的重要资料；尤其对古代劳动人民在园林建筑方面的成就，以及如何鉴别其精华和糟粕，如何供社会主义园林建筑借鉴等问题，今后我们更有继续研究和探讨的必要。本文目的在于介绍扬州园林与住宅的概况，供有关方面参考①。

1961 年 8 月初稿，

1977 年 11 月修订

① 《魏源集》中有记扬州园林盛衰之诗。《扬州画舫曲十三首》之一云："旧日鱼龙识翠华，池边下鹄树藏鸦，离宫州六荒凉尽，不是僧房不见花。"（凡名园皆为园丁拆卖，惟属僧管之桃华庵、小金山、平山堂三处，至今尚存。）《江南吟》注云："平山堂行宫属园丁者，皆拆卖无存，惟僧管三处如故。"故有"岂独平山僧庵胜园隶"句。魏氏于清道光十五年（1835 年）构园于扬州新城仓巷，甃石栽花，养鱼饲鹤，名曰絜园。其时尚在太平天国革命战争之前。

■ 扬州瘦西湖立体盆景——枯木逢春

瘦西湖漫谈

扬州瘦西湖由几条河流组织成一个狭长的水面，其中点缀一些岛屿，夹岸柳色，柔条千缕。在最阔的湖面上，五亭桥及白塔突出水面，如北海的琼华岛与西湖的保俶塔一样，成为瘦西湖的特征。白塔在形式上与北海相仿佛，然比例秀匀，玉立亭亭，晴云临水，有别于北海白塔的厚重工稳。从钓鱼台两圆拱门远眺，白塔与五亭桥正分别逗入两园门中，构成了极空灵的一幅画图。每一个到过瘦西湖的，在有意无意之中见到这种情景，感到有但可意味不可言传的妙境。这种手法，在园林建筑上称为“借景”，是我国造园艺术上最优秀巧妙手法之一。湖中最大一岛名小金山，它是仿镇山、金山而堆，却冠以一“小”字，此亦正如西湖之上加一“瘦”字、城内的秦淮河加一“小”字一样，都是以极玲珑婉约的字面来点出景物。因此我说瘦西湖如盆景一样，虽小却予人以“小中见大”的感觉。

瘦西湖四周无高山，仅其西北有平山堂与观音山，亦非峻拔凌云，唯略具山势而已，因此过去皆沿湖筑园。我们从清代乾隆南巡盛典赵之壁《平山堂图》、李斗《扬州画舫录》及骆在田《扬州名胜图》等来看，可以见到清代乾隆、嘉庆两代瘦西湖最盛时期的景象。楼台亭榭，洞房曲户，一花一石，无不各出新意。这时的布置是以很多的私家园林环绕了瘦西湖，从北门直达平山堂，形成一个有合有分、互相“因借”的风景区。瘦西湖是水游诸园的通道。建筑物类皆一二层，在平面的处理上是曲折多变，如此不但增加了空间感，而且又与低平水面互相呼应，更突出了白塔、五亭桥，遥远地又以平山堂、观音山作“借景”。沿湖建筑特别注意到如何陆水交融，曲岸引流，使陆上有限的面积用水来加以扩大。现在对我们处理瘦西湖的布置上，这些手法想来还有借鉴的必要。至于假山，我觉得应该用平冈小坡形成起伏，用以点缀和破平直的湖面与四野，使大园中的小园，在地形及空间分隔上，都起较多的变化。

扬州建筑兼有南北二地之长，既有北方之雄伟，复有南方之秀丽，因此在建筑形式方面，应该发挥其地方风格，不能夸苏式之轻巧，学北方之沉重，正须不轻不重，恰到好处。色泽方面，在雅淡的髹饰上，不妨略点缀少许鲜艳，使烟雨的水面上顿觉清新。旧时虹桥名红桥，是围以赤栏的。

平山堂是瘦西湖一带最高的据点，堂前可眺望江南山色。有一联将景物概括殆尽：“晓起凭阑，六代青山都到眼；晚来把酒，二分明月正当头。”而唐代杜牧的“青山隐隐水迢迢，秋尽江南草未

扬州瘦西湖，天然的借景画

■ 扬州瘦西湖吹台

凋”，又是在秋日登山，不期而然诵出来的诗句。此堂远眺，正与隔江山平，故称平山堂。平山二字，一言将此处景物道破。此山既以望为主，当然要注意其前的建筑物，如果为了远眺江南山色，近俯瘦西湖景物，而在山下大起楼阁，势必与平山堂争宠，最后卒至两难成美。我觉得平山堂下宜以点缀低平建筑，与瘦西湖蜿蜒曲折的湖尾相配合，这样不但烘托了平山堂的高度，同时又不阻碍平山堂的视野。从瘦西湖湖面远远望去，柳色掩映，仿佛一幅仙山楼阁，凭阑处处成图了。

扬州是隋唐古城（旧址在平山堂后），千余年来留下了许多胜迹，经过无数名人的题咏，渐渐地深入了大家的心中。如隋炀帝的迷楼故址，杜牧、姜夔所咏的二十四桥，欧阳修的平山堂，虹桥修禊的倚虹园等，它与瘦西湖的“四桥烟雨”、“白塔晴云”、“春台明月”、“蜀冈晚照”等二十景一样，给瘦西湖招来了无数的游客，平添了无数的佳话。这些古迹与风景点，今后应宜重点突出地来修建整理。它是文学艺术与风景相合形成的结晶，是中国园林高度艺术的表现手法。

扬州旧称绿扬城郭，瘦西湖上又有绿扬村，不用说瘦西湖的绿化是应以杨柳为主了。也许从隋炀帝到扬州来后，人们一直抬高了这杨柳的地位，经千年多的沿袭，使扬州环绕了万缕千丝的依依柳色，装点成了一个晴雨皆宜，具有江南风格的淮左名都，这不能不说是成功的。它注意到植物的适应性与形态的优美，在城市绿化上能见功效，对此我们现在还有继承的必要。在瘦西湖的春日，我最爱“长堤春柳”一带，在夏雨笼晴的时分，我又喜看“四桥烟雨”。总之不论在山际水旁，廊沿亭畔，它都能安排得妥帖宜人，尤其迎风拂面，予人以十分依恋之感。杨柳之外，牡丹、芍药为扬州名花，园林中的牡丹台与芍药阑是最大的特色，而后者更为显著。姜夔词：“二十四桥仍在，波心荡冷月无声，念桥道红药，年年知为谁生。”可以想见宋代湖上芍药种植的普遍。至于修竹，在扬州又有悠久的历史，所谓“竹西佳处”。古代画家石涛、郑燮、金农等都曾为竹写照，留下许多佳作。扬州的竹，清秀中带雄健，有其独特风格，与江南的稍异。瘦西湖四周无山，平畴空旷，似应以此遍植，则碧玉摇空与鹅黄拂水，发挥竹与柳的风姿神态，想来不至太无理吧。其他如玉兰芭蕉、天竹腊梅、海棠桃杏等，在瘦西湖皆能生长得很好。它们与前竹、柳在色泽构图上，皆能调和，在季节上，各抒所长，亦有培养之必要。山旁树际的书带草，终年常青，亦为此地特色。湖不广，荷花似应以少为宜，不致占过多水面。平山堂一区应以松林为障，银杏为辅，使高挺入云。今日古城中保存有巨大银杏的，当推扬州为最。今后对原有的大树，在建筑时应尽量地保存，《园冶》说得好：“多年树木，让一步可以立根，斫数椏不妨封顶。斯谓雕栋飞楹构易，荫槐挺玉成难。”

盆景在扬州一带有其悠久的历史，与江南苏州颉颃久矣。其特色是古拙经久，气魄雄伟，雅健多姿，而无忸怩作态之状；对自然的抵抗力很强，适应性亦大。在剪扎上下了功夫，大盆

扬州瘦西湖桥景

扬州瘦西湖白塔

的松、柏、黄杨，虬枝老干，缀以“云片”繁枝，参差有序，具人工天然之美于一处。其他盆菊、桃桩、梅桩、香橼、文旦桩等，亦各臻其妙。它可说是南北、江浙盆景手法的总和，而又能自出心裁，别成一格，故云之为“扬州风”。

瘦西湖湖面不大，水面狭长曲折。要在这样小的范围中游览欣赏，体会其人工风景区的妙处，在游的方式上，亦经推敲过一番。如疾车走马，片刻即尽，则雨丝风片，烟渚柔波，都无从领略。如易以画舫，从城内小秦淮慢慢地摇荡入湖，这样不但延长了游程，并且自画舫中不同的窗框中窥湖上景物，构成了无数生动的构图，给游者以细细的咀嚼，它和西湖的游艇是有浅斟低酌与饱饮大嚼的不同。王士祯诗说：“日午画船桥下过，衣香人影太匆匆。”我想既到瘦西湖去，不妨细细领略一番，何必太匆匆地走马看花呢。

我国古典园林及风景名胜地的联额，是对这风景点最概括而最美丽的说明，使游者在欣赏时起很大的理解作用。瘦西湖当然不能例外。其选词择句，书法形式，都经细致琢磨，瘦西湖的大名，是与这些联额分不开的。在《扬州画舫录》中，我们随便检出几联，如“四桥烟雨”的集唐诗二联：“树影悠悠花悄悄，晴雨漠漠柳毵毵”，“春烟生古石，疏柳映新塘”等，都是信手拈来，遂成妙语。其风景点及建筑物的命名，都环绕了瘦西湖的特征“瘦”来安排，辞采上没有与瘦西湖的总名有所抵触。瘦西湖不但在具体的景物色调上能保持统一，而且对那些无形的声诗，亦是作同样的处理，益信我国园林设计是多方面的一个综合艺术作品。

总之，瘦西湖是扬州的风景区，它利用自然的地形，加以人工的整理，由很多小园形成一个整体，其中有分有合，有主有宾，互相

"因借"，虽范围不大，而景物无穷。尤其在摹仿他处能不落因袭，处处显示自己面貌，在我国古典园林中别具一格。由此可见，造园虽有法而无式，但能掌握"因地制宜"与"借景"等原则，那末高冈低坡、山亭水榭，都可随宜安排，有法度可循，使风花雪月长驻容颜。

瘦西湖的形成，自有其历史的背景。对于在一定历史条件下形成的风景区，在今日修建时，我们固要考虑其原来特色，而更重要的，还应考虑怎样与今日的生活相配合，做到古为今用，又不破坏其原有风格，这是值得大家讨论的。我想如果做得好的话，瘦西湖二十景外，必然有更多新的景物产生。至于怎样"因地制宜"与"借景"等，在节约人力、物力的原则下，对中小型城市布置绿化园林地带，我觉得瘦西湖还有许多可以参考的地方，但仍要充分发挥该地方的特点，做到园异景新。今日我介绍瘦西湖，亦不过标其一格而已。"十里画图新阆苑，二分明月旧扬州。"我相信在今后的建设中，瘦西湖将变得更为美丽。

1962年6月14日

扬州瘦西湖五亭桥

■ 扬州片石山房梅花门

扬州片石山房——石涛叠山作品

石涛是我国明末杰出的一个大画家。他在艺术上的造诣是多方面的，不论书画、诗文以及画论，都达到高度境界，在当时起了革新的作用。在园林建筑的叠山方面，他也很精通。《扬州画舫录》、《扬州府志》及《履园丛话》等书，都说到他兼工叠石，并且在流寓扬州的时候，留下了若干假山作品。

扬州石涛所叠的假山，据文献记载有两处：其一，万石园。《扬州画舫录》卷二：“释道济字石涛……兼工累石，扬州以名园胜，名园以累石胜，余氏万石园出道济手，至今称胜迹。”《嘉庆扬州府志》卷三十："万石园汪氏旧宅，以石涛和尚画稿布置为园，太湖石以万计，故名万石。中有樾香楼、临漪槛、援松阁、梅舫诸胜，乾隆间石归康山，遂废。"其二，片山石房。《履园丛话》卷二十："扬州新城花园巷又有片石山房者，二厅之后，湫以方池。池上有太湖石山子一座，高五六丈，甚奇峭，相传为石涛和尚手笔。"万石园因多见于著录，大家比较熟悉，可是早毁于乾隆间，而利用该园园石新建的康山今又废，因此现已无痕迹可寻。唯一幸存的遗迹，便是这次我发现的片石山房了。

近年来，我在扬州对古建筑与园林住宅作较全面的调查研究。在市区东南隅花园巷东尽头旧何宅内，有倚墙假山一座，虽然面积不大，池水亦被填没，然而从堆叠手法的精妙，以及形制的古朴来看，在已知的现存扬州园林中，应推其年代最早，其时间当在清初，确是一件不可多得的精品。现在从其堆叠的手法分析，再证以钱泳《履园丛话》的记载，传出石涛之手是可征信的，确是石涛叠山的"人间孤品"。

假山位于何宅的后墙前，南向，从平面看来是一座横长的倚墙假山。西首为主峰，迎风耸翠，奇峭迫人，俯临水池。度飞梁经石磴，曲折沿石壁而达峰巅。峰下筑方正的石屋（实为砖砌）二间，别具一格，即所谓"片石山房"。向东山石蜿蜒，下构洞曲，幽邃深杳，运石浑成。

扬州片石山房

■ 扬州片石山房

可惜洞西已倾圮，山上建筑亦不存，无从窥其全璧。此种布局手法，大体上仍沿袭明代叠山的惯例，不过石涛加以重点突出，主峰与山洞都更为显著，全局主次格外分明，虽地形不大，而挥洒自如，疏密有度，片石峥嵘，更合山房命意。

扬州属江淮平原，附近无山。园林叠山的石料，必仰给于他地，如苏州、镇江、宣城、灵璧等处。有湖石、黄石、雪石、灵璧石等，品类较苏州所用者为最多。因为扬州主要依靠水路运输，石料不能过大，所以在堆叠时要运用高度的技巧。石涛所叠的万石园，想来便是以小石拼凑而成山的。片石山房的假山，在选石上用过很大的功夫，然后将石之大小按纹理组合成山，运用了他自己画论上“峰与皴合，皴自峰生”（《苦瓜和尚画语录》）的道理，叠成“一峰突起，连冈断堑，变幻顷刻，似续不续”（石涛论画见《苦瓜小景》）的章法。因此虽高峰深洞，了无斧凿之痕，而皴法的统一，虚实的对比，全局的紧凑，非深通画理又能与实践相结合者不能臻此。此种做法，到后期因不能掌握得法，便用条石横排，以小石包镶，矫揉做作，顿失自然之态。因为石料取之不易，一般水池少用石驳岸，在叠山上复运用了岩壁的做法，不但增加了园林景物的深度，且可节约土地与用石，至其做法，则比苏州诸园来得玲珑精巧。其他主峰、洞曲、磴道、飞梁与步石等的安排，亦妥帖有致。钱泳《履园丛话》卷十二："堆假山者，国初以张南垣为最。康熙中则有石涛和尚，其后则仇好石、董道士、王天于（从周按：应作王庭余）、张国泰皆妙手。近时有戈裕良者，常州人，其堆法尤胜于诸家。"戈裕良比石涛稍后，为乾嘉时著名叠山家。他的作品有很多就运用了这些手法。从他的作品——苏州环秀山庄、常熟燕园（扬州秦氏意园小盘谷，亦戈氏黄石叠山小品，惜仅存残迹），可看出戈氏能在继承中再提高。由于他掌握了石涛的"峰与皴合，皴自峰生"的道理，因而环秀山庄深幽多变，以湖石叠成；而燕园则平淡天真，以黄石掇成。前者繁而有序，深幽处见功力，如王蒙横幅；后者简而不薄，平淡处见蕴藉，似倪瓒小品。盖两者基于用石之不同，因材而运技，形成了不同的丘壑与意境。如果说石涛的叠山如其画一样，亦为一代之宗师，启后世之先声，恐亦非过誉。

如今再研究钱泳《履园丛话》所记片石山房地址，也是相合的。二厅今存其一，系面阔三间的楠木厅，其建筑年代当在乾隆间。池虽填没，然其湖石驳岸范围尚在，山石品类用湖石，更复一致。山峰出围墙之上，其高度又能仿佛，而叠山之妙，独峰耸翠，确当得起"奇峭"二字。综上则与文献所示均能吻合。案石涛晚年流寓扬州，傅抱石著《石涛上人年谱》所载，从清康熙三十六年（1697年）石涛六十八岁起，到康熙四十六年（1707年）七十八岁殁，一直没有离开扬州。就是在1678年至1697年前后八九年的时间中，也常来扬州。书画上所署的大滌草堂、青莲草阁、耕心草堂、岱瞻草堂、一枝阁等，都是在扬州时，除平山堂、净慧寺二处外所常用的斋名。复据五十八岁（1687年）所作黄海云涛题语："时丁卯冬日，北游不果，客广陵大树下……。"六十九岁（1698年）所作澄心堂尺幅轴款云："戊寅冬日，广陵东城草堂并识。"七十岁（1699年）所作《黄山图卷跋》云："劲庵先生游黄山还广陵，招集河下，说黄山之胜……已卯又七月。"案片石山房在城东南，其前为南河下，东为北河下，后有巷名大树巷。今虽不能确指东城即今市区东部（亦即扬州新城东部），但河下即南河下或北河下，大树下即大树巷。要之，石涛当时居停处，可能一度在花园巷附近。他生于明崇祯三年（1630年），殁于清康熙四十六年（1707年），葬于蜀冈之麓（据友

扬州片石山房假山

人扬州牙刻家黄汉侯说，石涛墓在平山堂后，其师陈锡蕃画家在世时，尚能指出其地址，后渐湮没）。而钱泳则生于乾隆二十四年（1759年），殁于道光二十四年（1844年）。从1795年上推至1707年，为时仅五十

扬州片石山房一隅

二年，论时间并不太久。再者钱泳是一个多面发展的艺术家，在园林与建筑方面有很独到的见解，尤其可贵的是对当时各地的一些名园，都亲自访观过，还做了记录，不失为我们今日研究园林史的重要资料。他亦流寓过扬州，名胜与园林的匾额有很多为他所写，今扬州的二分明月楼额，即出钱泳笔。因此他的记载比一般人的笔记转录传闻的要可靠得多，一定是有所根据的。再以石涛流寓扬州的时期而论，这片石山房的假山，应该属于他晚年的作品，时间当在清初了。

扬州何园月牙门

从以上所述实物与文献的参证，可以初步认为片石山房的假山出石涛之手，为今日唯一的石涛叠山手迹，也是我们此次扬州调查所知的现存最早假山。它不但是叠山技术发展过程中的重要证物，而且又属石涛山水画创作的真实模型。作为研究园林艺术来说，它的价值是可以不言而喻的[①]。

1962 年

① 检1820年刊酿花使者纂著《花间笑语》谓："片石山楼为廉使吴之黼字竹屏别业，山石乃牧山僧所位置，有听雨轩、瓶櫑斋、蝴蝶厅、海楼、水榭诸景，今废，只存听雨轩、水榭，为双槐茶园。"此说较迟，乃酿花使者小游扬州时所记，似为传闻之误。

扬州大明寺正殿

扬州大明寺

法净寺为扬州著名丛林之一，古名“大明寺”，又称栖灵寺，创建于南北朝刘宋孝武帝时。孝武以大明纪年，遂以大明颜其额。隋炀帝时亦称“西寺”，因其行宫居于寺之东。清康熙“南巡”时，改名“法净寺”。唐代赴日传播文化的鉴真和尚，就是在这里接受日僧的邀请而东渡出海的。

唐代的大明寺早毁，明万历间扬州知府吴秀重建，崇祯十二年（1639年）巡漕御史杨仁愿重修。清顺治时赵有成、雍正时汪应庚等又两次修建。1853年左右毁。迨清同治中，两淮盐运使方濬颐重建。1934

年又重修。

寺东原有塔。隋仁寿元年（601年）建九层，颇负盛名，李白、高适、刘长卿、刘禹锡、白居易等都来攀登过。唐会昌三年（843年）火焚。宋景德元年（1004年）可政和尚重建，又圮，可证前者应为木塔，后者则为砖塔。

从曲折的瘦西湖，一直延伸到蜀冈南麓的“平山堂”坞，经登山御道抵寺。山门额为“敕建法净寺”，计三间单檐硬山造。前有一牌楼，正面题“栖灵遗址”，另一面题“丰乐名区”，姚煌书。石狮一对，刻法工整，为清帝“南巡”时之物。山门东壁上嵌配以王澍书“天下第五泉”五字。大殿面阔三间带周廊，重檐歇山造，前后附加硬山披廊。其后原有万佛楼、方丈等建筑，现都不存。殿东，前通“文章奥区”额一门，达平远楼。《扬州画舫录》卷十六云：“最上者高寺一层，最下者矮寺一层，其第二层与寺平，故又谓之平楼。”今楼虽为清同治间重建，而制度仍依旧。其底层后尚有暗室，从外面不能察。楼前有院，其东隅尚存清道光“御笔”“印心石屋”四字横形巨碑。楼东即瘦西湖二十四景中的“双峰云栈”、“蜀冈晚眺”与“万松叠翠”。清方濬颐有联云：“三级曩增高，两点金焦，助起怀前吟兴；双峰今耸秀，万株松栝，涌

扬州大明寺鉴真纪念堂

★ 扬州大明寺栖灵遗迹坊

★ 扬州大明寺御路

★ 扬州大明寺西园

来槛外涛声。”今游客登楼，便能有此感觉。楼后有厅三间，前施抱厦，曾移“晴空阁”一额于此。再后为报本堂（曾额“四松草堂”）。报本堂东为悟轩，原多牡丹，故曾移额“洛春”张之。诸堂前皆点石栽花，而蕉丛尤为胜色。是区北之余地，疑即栖灵塔故址，鉴真和尚纪念馆建造于此。馆为梁思成所设计，仿日本唐招提寺，纪念碑据唐式，额系郭沫若同志题，记由中国佛教协会赵朴初会长撰书。余皆参与其事。

从法净寺大殿西转，通过有“仙人旧馆”额的一门，即抵堂前，是法净寺的一部分。此堂为宋庆历八年（1048年）欧阳修任扬州太守时创建，坐此堂中，望隔江诸山，似皆与此堂平列，故名平山堂。嘉祐八年（1063年）、淳熙间及嘉定三年（1210年）等重修。明万历间及清康熙十二年（1673年）亦有修建，至乾隆元年（1736年）又重建，1853年毁。同治中方濬颐重建。此堂于清康熙元年（1662年）并入寺。

堂系面阔五间，深三间敞口厅，其前有台，殆即“行春台”旧址。有古藤一架，杂以芭蕉丛竹，配置颇称雅秀。台下幽篁古木之外，远帆闲云出没于旷空有无之间，江南诸峰拱揖槛前。有联云：“晓起凭阑，六代青山都到眼；晚来把酒，二分明月正当头。”极妙。

堂后为谷林堂三间，取意于东坡诗“深谷下窈窕，高林合扶苏”句。后为六一祠，亦称欧阳祠，清光绪五年（1879年）两淮盐运使欧阳正墉重建，系面阔五间带周廊的单檐歇山式。中置神龛，龛中欧阳修石刻像，利用反光作用，远看白须，近看黑须，艺术评价甚高，并有李公度撰文一碑记其事。堂前假山一丘，玉兰古柏数干，春时花影扶疏。南向通月门为西园，即“御苑”所在，乾隆十六年（1751年）汪应庚所筑，多古木幽篁，大池辅以黄石山，极起伏深邃之致。所谓“天下第五泉”，其说纷纭，现一在池中，一在岸上。池中一口，上有王澍所书“天下第五泉”横额。清乾隆汪应庚凿池时所得，后于其上复井亭。岸上一口系明僧沧溟所发现；嘉庆中巡盐御史徐九皋为书“第五泉”三大字，刻石立于泉侧。西园原有北楼、荷厅、观瀑亭、梅厅等诸胜。今岸上之五泉亭、御碑亭、四方亭等，均已次第修复。

1963年

■ 泰州乔园

泰州乔园

泰州是仅次于扬州的一个苏北大城市，以商业与轻工业为主，在历史上复少兵灾，因此古建筑园林与文物保存下来视他市较多，如南山寺五代碑座，明代的天王殿及正殿，正殿建于明天顺七年癸未（1463年），在大木结构上，内外柱皆等高，脊檩下用叉手，犹袭元以前的建筑手法。明隆庆间的蒋科住宅的楠木大厅、明末的宫宅大厅，现状尚完整。其他岱山庙的唐末铜钟、宋铜像等，前者款识为“同光”，后者为宋崇宁五年（即宋大观元年——1107年）及宋靖康元年丙午（1126年）所造。园林则推“乔园”。

“乔园”在泰州城内八字桥直街，明代万历间官僚地主太仆陈应芳所建，名曰涉园，取晋陶潜《归去来辞》中“园日涉以成趣”之意名额。应芳名兰台，著有《日涉园笔记》。园于清康熙初归田氏。雍正间为高氏所有，更名三峰园。咸丰间属吴文锡（莲芬），名“蛰园”。旋入两淮盐运使乔松年（鹤侪）手，遂以“乔园”名。在高凤翥（麓庵）一度居住时期，曾由李育（某生）作园图。周庠（西笭）绘园四面景图，时在道光五年（1825年）。咸丰九年己未（1859年）吴文锡复修是园后，又作《蛰园记》。从记载分别可以看到当时的园况，为今存苏北地区最古的园林。

“乔园”在其盛时范围甚大，除园林外尚拥有大住宅，这座大住宅是屡经扩建及逐步兼并形成的。从这里可以看出，明代中叶后官僚地主向农民剥削加深的具体反映。今日园之四周住宅部分，虽难观当日全貌，然明代厅事尚存四座，其中一座还完整。

园南向，位于住宅中部，三峰园时期有十四景之称：（一）皆绿山房，（二）绠汲堂，（三）数鱼亭，（四）囊云洞，（五）松吹阁，（六）山响草堂，（七）二分竹屋，（八）因巢亭，（九）午韵轩，（十）来青阁，（十一）莱庆堂，（十二）蕉雨轩，（十三）文桂舫，（十四）石林别径。今虽已不能窥见其全豹，但根据今日的规模，是不难复原的。

园以山响草堂为中心，其前水池如带，山石环抱，正峙三石笋，故又名三峰草堂。山麓西首壁间嵌一湖石，宛如漏窗，殆即《蛰园记》所谓具“绉、透、瘦”者。池上横小环洞桥及石梁。过桥入洞曲，名囊云，曲折蜿蜒山间。主山则系三峰所在，其南原有花神阁，今废。阁前峰间古柏桧一株，正《蛰园记》所谓：“瘿疣累累，虬枝盘拿，洵前代物也。”实为园中最生色之处，同时亦为泰州古木之尤者。山颠东则为半亭，案旧图记无此建筑，似属后造。西度小飞梁跨幽谷达数鱼亭，今圮，遗址尚存。亭旁原有古松一株，极奇拙，已朽。山响草堂之北，通花墙月门，垒黄石为台，循迂回的石磴达正中之绠汲堂。堂四面通敞，左顾松吹阁，右盼因巢亭。今阁与亭名存而实非。绠汲堂翼然邻虚，周以花坛丛木，修竹古藤，山石森然，丘壑独存。虽点缀无多，颇曲尽画理，是一园中另辟蹊径的幽境。

“乔园”今存部分，与文献图录所示对照，已非全貌。然就现状来看，在造园艺术上尚有足述的地方。

在总体布局上，以山响堂为中心，其前凿池叠山以构成主景。后部辟一小园，别具曲笔，使人于兴尽之余，又入佳境。这两者不论在大小与隐显及地位高卑上，皆有显著不同的感觉，充分发挥了空间组合上的巧妙手法。至于厅事居北，水池横中，假山对峙，洞曲藏岩，石梁卧

■ 泰州乔园古木

波等，用极简单的数事组合成之，不落常套，光景自新，明代园林特征就充分地体现在这种地方。此园林以东南西北四个风景面构成，墙外楼阁是互为“借景”。游览线以环形为主，山巅与洞曲又形成上下不同的两条游径，并佐以山麓崖道及小桥步石等歧出之，使规则的主线中更具变化。

叠山方面，此园在运用湖石与黄石两种不同的石种上，有统一的选择与安排。泰州为不产石之地，因此所得者品类不一，而此园在堆叠上使人无拼凑之感。在池中水面以下用黄石，水面以上用体形较多变化的湖石。在洞中下脚用黄石，其上砌湖石。在石料不足时，则以砖拱隧道代之，它与石构者是利用山涧的小院作过渡，一无生硬相接之处。若干处用砖墙挡土，外包湖石，以节省石料。以年份而论，山洞部分皆明代旧物，盖砖拱砌法以及石洞的大块“等分平衡法”（见《园冶》），其构造既有变化又复浑融一片，无斧凿之痕可寻，洵是上乘的作品，可与苏州明代旧园之一的五峰园山洞相颉颃，为今日小型山洞中不可多得的佳例。至于山中置砖拱隧道，则尤为罕见。主峰上立三石笋，与古柏虬枝构成此园之主要风景面，一反前人以石笋配竹林的陈例。山下以水池为辅，曲折具不尽之意。以崖道、桥梁与步石等酌量点缀其间，亦能恰到好处。这些在苏北诸园中未见有此佳例。此种叠山艺术的消息，清代仅在石涛与戈裕良的作品中尚能见之，并有所提高。

花木的配置以乔木为主，古柏重点突出，辅以高松、梅林。山坳水曲则多植天竹。庭前栽腊梅、丛桂，厅周荫以修竹、芭蕉，花坛间布置牡丹、芍药，故建筑物的命名遂有皆绿山房、松吹阁、蕉雨轩等。至于其所形成四季景色的变化，亦因此而异。最重要的是此类植物的配合，是符合中国古代画理的，当然在意境上，还是从幽雅清淡上着眼，如芭蕉分绿、疏筠横窗、天竹腊梅、苍松古柏、交枝成图、相映生趣，皆古画中的粉本，为当时士大夫所乐于欣赏的。山间以书带草补白，使山石在整体上有统一的色调。这样使若干堆叠较生硬处与堆叠不周处能得到藏拙，全园的气息亦较浑成，视苏南园林略以少数书带草作补白者，风格各殊。此种手法为苏北园林所习用，对今日造园可作借鉴。宋人郭熙说，“山以水为血脉，以草为毛发，以烟云为神彩”（《林泉高致》），便是这个道理。

★ 泰州乔园亭阁

总之，“乔园”为今日泰州仅存的完整古典园林，亦是苏北已知的最古老的实例，在中国园林研究中，以地区而论，它有一定的代表性。

附录一

吴文锡（莲芬）《蛰园记》：“蛰园者，海陵高氏之三峰园也。园起于明太仆陈君应芳。康熙初归田氏，雍正间即为高氏所有。予于咸丰丁巳自川南旋扬城，老屋已为破毁，勉赁泰属樊汊镇之屋暂为栖息。湫隘嚣尘，小人近市矣。戊午夏闻有是园，即买舟往视，虽荒落破败，以犹可拾掇者，因以三千六百缗当之，修葺之费加一千五百缗，阅三月告成。虽然楚楚，嘉平朔日率眷属移家焉。其屋西向者为门，南向者为厅事，比者为住屋，北向者亦住屋，再南者为闲房，为厨房，为住屋，比者为套房，再北南向北向胥住房也。由此而东共房间二十余楹。由厅事东廊转而东，长廊十余间，此达园之径也。廊外植竹，竹外艺蔬，廊尽处入圭窦。北向三楹，东套室一楹，曰蛰斋，斋前后环以竹。由蛰斋而东南向之楼曰一览忘尘，对墙嵌巨石，‘绉’、‘透’、‘瘦’三字悉备。再东则为三峰草堂，堂面山，湖石假山三面拥抱，高者几可接云。山下为池，循西度石桥而上为梅径，缘径而南为花神阁。阁前古柏一株，瘿疣累累，虬枝盘拿，洵前代物也。柏左右三峰并峙，斑驳陆离，不可名状。循阁而东，越廊楼折而北为疏影亭，盖亭之四面亦皆梅也。沿亭而下，稍北则丛桂一方，穿丛桂而西，则牡丹分列。迤北则黄石假山扑面。山巅之屋曰退一步想。宅后桑榆林立，皆非百年以内之物。旁植安石榴、碧桃、棕榈、芭蕉，东高台三层为玩目之所。此园之大略也。余少也贱，且不知治生人产，宦游二十年，因病归来，正值东南苦兵，僻居海东，奚蛰物之所依。其地甚小，而外之山环水抱，无美不备。以为蛰者之所有，可以为非蛰者之所有，亦无不可也。是为记。咸丰己未伏日清远庵僧自识。”

录自董天书《芜城怀旧录卷二》

附录二

周庠（西苓）《三峰园四面景图题记》："右图之西南高甍接云者为来青阁，登阁以望园之全胜在焉。其西为莱庆堂，前后重檐，主人为高堂称寿，恒张宴于此。南为二分竹屋，碧玉万竿，清风时来。循竹径而北为皆绿山房，又北为蕉雨轩，植牡丹甚多。又西为石林别径，自皆绿山房至此，皆居园之右偏。绘事弗能及，故连类记之。道光五年岁次乙酉夏六月西苓周庠记。

"右园之南面三石笋鼎峙，色浅碧，叩之玲珑有声，高十数尺有差。园始名曰涉，易今名。以此聚石为池，兰馨被渚，水萦如带。池西为囊云洞，洞中有径达数鱼亭之右。其上古桧一株，轮囷蟠薄，大可帏，为园中群木之长。干倚石生，渐与石合。人从洞中火而观之，杳不知其托根何所？亦一奇也。

"右园之东南，高者为数鱼亭，俯瞰碧流，纤鳞可数，故名。池上跨小石梁，盘石在其左，可坐而钓焉。亭后修廊之后，一榆一杉，对立云表。杉非江北所宜，植此特修耸蓊郁，风声吟啸，如在深山大壑间。亭之右角，叠石为山。山缝一松，高不满数石，皮尽脱尽，筋骨刻露，毛鬣不多，而苍翠之色四时不变，不知何代物也。

"右园之北面，中为山响草堂，翼重楣，四面虚敞。堂后山，山下有泉，甘洌可饮。泉上有绠汲堂，自其左缘梯而上为松吹阁。阁前为台，布席可坐十数人，去地二十尺有奇，烟消日出，望隔江诸山，飘渺在有无间也。其右槐榆荫涂，梅榴夹植，有亭曰因巢，盖因树为之。"

1977年11月

★ 泰州乔园古木

■ 镇江金山寺

三山五泉话镇江

长江好似砚池波，提起金焦当墨磨；

铁塔一枝堪作笔，青天能写几行多。

这是前人写镇江的一首绝句诗。镇江雄踞长江南岸，拥有三山（金山、焦山、北固山）、五泉（天下第一泉、虎跑泉、鹿跑泉、珍珠泉、林公泉）之胜。其中如金山寺和北固山的甘露寺，又和戏曲中的白蛇传和刘备招亲相联系，因此岁岁年年不知吸引了多少游客。然而镇江风景之美，倒不是单纯由于这些传说和故事的渲染，而是它本身所具有的水光山色，确能引人入胜。无怪宋代的画家米芾在这里创作了独特风格的米家山水，词人辛弃疾有“满眼风光北固楼”之赞了。

风景的优美或得之天工，或赖于人力。镇江则兼有二者之长。扬州瘦西湖中的小金山，与河北承德避暑山庄的金山，均仿此地景色而作，可见其影响之大了。

三山中的金山和焦山，本来都是江中的岛屿，如今金山与北固山一样与陆地相连了。焦山因东汉时焦先隐居而得名。游镇江的话，欲览长江之雄伟，可据此远眺；欲顾盼金、焦，且攀北固；欲欣赏米家山水的雨景，则当登金山。

三山景色之美，各有千秋：焦山以朴茂胜，山包寺；金山以秀丽名，寺包山；北固山以峻险称，寺镇山。

焦山在江中，面对象山，背负大江，漫山修竹，终年常青。朝暾月色，断崖石壁，以及晓风涛声，都曾博得古人赞美。而今吾人登临此山，望滔滔大江东去，巨轮渔艇往来，以及镇江、扬州隐约市楼，则又有一番情趣和意境。这里的好处是静中寓动，幽深中见雄伟。而寺中的明代木构建筑与石坊，山间的摩崖石刻，如闻世的梁时《瘗鹤铭》、宋陆务观（游）以迄清代闻人题名有几百处之多，更为此山生色不少。山巅的郑板桥读书处——别峰庵也是游人流连的地方。

北固山有多景楼，多景二字已道出了景色之胜。这座山位于金、焦二山之中，突出江口，形势险要。坐楼中可俯视惊涛拍岸，白浪滔天，且有小艇渔舟，在幽篁古木之间时隐时现。不登此楼，诚不知此景之妙。山既名北固，点缀景物亦从其雄健处着眼，因此遍植松林。放眼望去，郁郁葱葱，无怪清代词人蒋鹿潭有“看莽莽南徐，苍苍北固”之句。

金山虽然已不在水中，但新凿了塔影湖，从天下第一泉望去，确有宛在水中之感。现在又布置了百花洲，风光更胜往昔了。

镇江地区多山，虽不能像滁州一样“环滁皆山也”，然“西南诸峰，林壑尤美”，确可当之无愧。镇江南郊诸山，冈峦起伏，舒展如长卷，其间招隐、竹林二寺，处境尤佳，真所谓“一江云树画中收”。而帆影山光，夕照钟声，漫山松林与红叶相掩映，其景恬静明洁，又可以与南京栖霞山相颉颃。虎跑、鹿跑、珍珠、林公诸泉，皆出自山中。涓涓之水，其味清甘，与金山天下第一泉相若。泉是山眼，它点出了山的灵秀，两者相得益彰。

总之，镇江的景色，具雄伟之势，无旖旎纤巧之气。它使游者眼界开阔，心旷神怡。

1963 年 4 月

常熟虚廓园

常熟园林

常熟毗邻苏州，园林所存其数亦多，为今日研究江南园林重要地区之一。现在将调查所得介绍于下：

燕园：位于城内辛峰街，又名“燕谷园”。本蒋氏所构。钱叔美作《燕园八景图》。咸丰间属归氏，清末归续孽海作者张鸿（燕谷老人）。在常熟诸园中规模属于中型，但保存较为完整，为今日常熟诸园中的硕果。

这园的平面狭长，可分为东、西、北三部分。我们从冷僻的辛峰街上一个小石库门入园，门屋五间北向，其西长廊直向北。稍进复有东西向之廊横贯左右，将这一区划分为二。循廊至东部系一小池，池旁耸立假山，山南书斋四间，极饶幽趣。池水沿山绕至书斋旁，曲折循山势如环抱状，上架三曲石桥，桥复有廊。山间立峰，其形多类猿猴，或与苏州狮子林之命意同出一臼。山下水口曲折，势若天成，实为佳构。山巅白皮松一本，高达数丈，虬枝映水，玉树临风。池北西向建一楼，登楼可望虞山。楼旁为花厅三间，是前后二区间极好的过渡。自花厅旁上砖梯登阁，阁八边形，亦西向，今废，用意与楼相同。梯后杂置修竹数竿，成为极好的留虚办法。阁下假山二区，上贯石梁，山下有洞，题名“燕谷”，曲折可通。洞内有水流入，上点“步石”，巧思独运。这处假山虽运用黄石，而叠砌时，并不都用整齐的横向积叠，凹凸富有变化，故觉浑成。尤其山巅植松栽竹，宛若天生，在树艺一方面有其特有之成就，是值得研究的。在此小范围中，虽曲折深幽略逊苏州环秀山庄，但能独辟蹊径，因地制宜，仿佛作画布局新意层出，不落前人窠臼。传假山与苏州环秀山庄同出戈裕良之手（钱泳《履园丛话》燕谷条：“前台湾知府蒋元枢所筑。后五十年，其族子泰安令因培购之，倩晋陵戈裕良叠石一堆，名曰燕谷。园甚小，而曲折得宜，结构有法。”），从设计手法看，似可征信。山后为内厅三间，庭前古树成荫，是主人住处。其旁西向有旱船一，今已废。观其址，其间亦小有曲折。厅西为长廊直通园门。

园以整体而论，将狭长地形划分为三区。入门为一区，利用直横二廊以及其后的山石，使人入园有深邃不可测之感。东折小园一方，山石嶙峋，又别有天地。尤可取的，是从小桥导入山后的书斋，更为独具曲笔。后部内屋又以假山中隔，两处遥望，则觉庭院深深，空间莫测。

★ 常熟环秀居

赵园：位于西门彭家场，又名“赵湖园”，旧名“水吾园”。清代同光间为赵烈文别业，易名赵湖园，其后归武进盛宣怀。盛氏改为

常熟虞山公园

■ 常熟虚廓园

宁静莲社，供僧侣居之。解放后为常熟县立师范校址。

园以一大池为主，其西南两面周以游廊，缀以水阁。旱船在池的南端，其前有九曲桥可导至池中小岛。岛西有环洞桥，园外水即自此入内。北有水轩三间，面临小岛。南面廊外原有小院一区，东面亦有建筑物，皆已不存。今池水因辟操场有所填没，面积已较从前大减。

以今日所存推想当日情况，设计时运用园外活流进入池中，以较辽阔的水面与回廊、平冈相配合，并以园外虞山为借景，引山色入园，实能从大处着眼深究借景的。

虚廓园：又名虚廓居，在九万圩西，即明代钱岱（秀峰）小辋川废址的一部分，光绪年刑部郎中曾之撰（曾朴之父）所建。入门水榭三间，其前池水逶迤，度九曲桥至荷花厅，坐厅中，可眺虞山。厅后小院一方，植山茶数本。东折又有一院，均曲折有度，为此园今日最完整处。东首残留假山废墟，其间的廊屋亭台皆已不存。西部为曾氏住宅，系洋楼三间，满攀藤萝，其前植各种月季数千本，今皆不存，而红豆一树犹为园中珍木。

此园陆与水的面积相近，空间也较辽阔，变化比赵湖园为多，可惜除小院二区尚有其旧外，余仅能依稀得之。今为常熟县立师范宿舍。

壶隐园：在西门西仓桥，明左都御史陈察旧第。嘉庆十年（1805年），吴竹桥礼部长君曼堂得之（见钱泳《履园丛话》壶隐园条），后归丁祖荫（芝荪）。园前建有藏书楼。

园甚小，有池一，池背小山上建三层楼，白皮松数竿，苍翠入画。人坐园中，视线穿古松高阁，但见虞山在后若屏，尽入眼底。此园特色是假山较低，点缀园内，其用意或是烘托虞山。

顾氏小园：位于环秀街。原为明钱岱故宅一部分，清为顾葆和所有，名"环秀居"。厅南小院置湖石杂树，楚楚有致。厅北凿大池，隔池置假山，山下洞壑深幽，崖岸曲折，似仿太湖风景。山上白皮松一株，古拙矫挺。厅东原有廊可通至假山，今已不存。假山后虞山如画，成为极妙的借景。厅建于明末，施彩绘，有木制瓣形柱与槙，在苏南尚属初见。

此园布局仅用一大池，崖岸一角，招虞山入园，简劲开朗，以少胜多，在苏南仅此一例。

澄碧山庄：在北门外，原为沈氏别业。传沈氏佞佛，故此园精舍独佳。今已为小学校舍。池水仅留数方，假山但存一角，其布局似与赵园相仿而略小。厅前小院一角，海棠二本扶苏接叶，而曲廊外虞山全貌几全入园中，为此园最佳处。

东皋：在镇海门外。又名"瞿园"。系明代瞿汝说所构，子式耜又有增修。今建筑都非旧物，仅存花厅一，其前凿小池，旁有廊可通至池南假山，古木一二，犹是数百年前旧物。

庞氏小园：在荷香馆。花厅三间南向，厅前东侧倚墙建小亭，亭隐于假山中。厅后有一小池，其上贯以三曲小桥。岸北原有假山建筑物，今已不存。

市图书馆小园：在县南街。小园半亩，在极有限的地面上满布亭台山石。其布局中心为一小池，四周假山较高，仿佛一个深渊。沿墙环以游廊，北面置一旱船，仅前舱一部分。旁筑一极小的半亭，池上覆以三曲桥。此外尚有西半亭、东亭等，结构似觉拥挤，但在如此窄狭的范围内经营，亦是煞费苦心的。

之园：在荷香馆。又名"九曲园"，园系翁同龢之侄曾桂所构，今已改建为医院。其中荷池狭长，水自城河中贯入，涓涓清流，自多生意，而榆柳垂荫，曲廊映水，较他园更饶空旷之感。

城隍庙小园：常熟县城隍庙在西门大街，今为县人民政府。园北墙下叠山，山不高，用来陪衬虞山。山下小池曲折，池旁列湖石，水中倒影，历历如画。池中原有石舫一，今已毁。

常熟园林与苏州同一体系，因两县的自然条件与经济文化条件相似，其设计方法，自然相近了。但在实际应用时，原则虽同，又因当地的地形与环境有其特殊性而有所出入。常熟为倚山之城，其西部占虞山的东麓，因此城内造园均考虑到对这一自然景色的运用。其运用可分为两种：第一种，如赵园、虚廓园等，园内水面较广，衬以平冈小阜，其后虞山若屏，俯仰皆得。其周围筑廊，间以漏窗，园外景物，更觉空灵。第二种，如燕园、壶隐园，园较小，复间有高垣，无大水可托。其“借景”之法，则别出心裁，园内布局另出新意。其法是在园内建高阁，下构重山，山巅植松柏丛竹。登阁凭阑可远眺虞山，俯身下瞰则幽壑深涧，丛篁虬枝，苍翠到眼。

总之，常熟县城，在利用自然的地形上，构成了不规则的城市平面，而作为民居建筑的一部分——园林，复能结合自然环境，利用人工景物，将天然山色组织到居住区域中，实在是今日建筑设计工作者应当学习的地方。

1958 年

★ 常熟虚廓园

■ 常熟言子墓道牌坊

嘉兴南湖揽秀园假山

明代上海的三个叠山家和他们的作品

上海自明代中叶以后，园林建造的数量与设计手法，都比过去有所增加与提高。其后出现了很多著名的叠山家，如松江的张涟、张然父子，青浦的叶洮等。他们总结了劳动人民累积的经验，取得设计上新的成就，将叠山艺术从原有基础上推进了一步。上海一区现存旧园林除豫园、内园外，尚有南翔古猗园、嘉定秋霞圃、秦家花园、松江醉白池、高家花园、张家花园、青浦曲水园等，为数甚多，都是今日研究江南园林的丰富资料。而叠山作者除上述已知者外，还有张南阳、曹谅、顾生三人，一直被湮没着无人知道。他们的艺术成果，长期以来反被园林的占有者像豫园的潘允端、弇园的王世贞一类人窃夺了。在黑暗的旧社会，像他们一样的人真不知万几呢!现在作一简单介绍，以供研究中国园林史的参考。

张山人名南阳，上海人，始号小溪子，更号卧石生。上代是农民，父亲是画家。他从小对绘画便下功夫，有出蓝之誉。到后来他又用画家的手法去试叠假山，随地赋形，做到千变万化，仿佛与自然山水一样。在陈所蕴所写的《张山人传》（见陈所蕴《竹素堂集》卷十九）上说："沓拖逶逶，巇嵘嵯峨，顿挫起伏，委宛婆娑，大都转千钧于千仞，犹之片羽尺步，神闲志空，不啻丈人之承蜩，高下大小，随地赋形，初若不经意……"当时江南的一些官僚地主，在园中要建造一丘一壑，都希望由他来设计与建造，邀请他的人和信札，差不多每天都有。为苏南名园之冠的上海潘允端的豫园，陈所蕴的日涉园，太仓王世贞的弇园，都出自他手。他除设计外，自己也参加实际工作。《张山人传》说："视地之广袤与所裒石多寡，胸中业具有成山，乃始解衣盘薄，执铁如意指挥群工，群工辐辏，惟山人使，咄嗟指顾间，岩洞溪谷，岑峦梯磴陂坂立具矣。"他身体很强健，到陈所蕴为他作传时已八十岁。以时期而论，他比计成、张涟、张然父子及叶洮还要早。

据记载上所说，并证以今日尚存的上海豫园假山，他与张涟、张然父子的平冈小坂、曲岸回沙似乎有所不同，他的叠山是见石不露土，能运用大量的黄石堆叠，或用少量的山石散置。像豫园便是以大量黄石堆叠而见称，石壁深谷，幽壑磴道，山麓并缀以小岩洞，而最巧妙的手法是能运用无数大小不同的黄石，将它组合成为一个浑成的整体，磅礴郁结，具有真山水的气势，虽只片段，但颇给人以万山重叠的观感。山的高度虽不过十二米左右，一入其境，宛如在万山丛中，真是假山中的大手笔。陈所蕴《啸台记》（陈所蕴《竹素堂集》卷十七）说："予家不过寻丈，所裒石不能万之一。山人一为点缀，遂成奇观。诸峰峦岩洞，岑巇溪谷，陂坂梯磴，具体而微。予谓山人食牛之象，不能搏鼠，固拙于用小也。山人能以芥子纳须弥，可谓个中三昧矣……户外地稍羡，山人复聚武康叠雪石成小景，嵌空玲珑，不减米家袖中物，因名小有洞天。"可见他所设计的小景，也是很好的。至于所称武康石，其名亦见潘允端《豫园记》。据《日涉园记》中所说，除太湖、英德、锦川、斧劈等外，又有武康石，产浙江武康，其名有锦罗、鬼面、叠雪诸品，这些名目未见于明末计成所著的《园冶》一书。

另外还有一个名叫曹谅的，在陈所蕴《日涉园记》(《竹素堂集》卷十八）上有这样一段记载：“……十又二年，则无岁不兴土木。于是张山人已物故，复有里人曹谅者，其技俩真欲与山人抗衡，而玲珑透彻或谓过之。园盖始于张而成于曹，非一手一足之功也。”于此我们知道，曹谅亦是上海人，他的技术与张南阳不相上下。以年龄论，似应少于张一些。在艺术手法上，似乎又系同一作风。他设计的小品，正如同文中所说：“山既成，余石尚累累不忍弃去，则徙置西庑之隙地，随意点缀，疏疏莽莽，不减云林道人一幅小景，亦奇观也。”这里说明了当时的匠师们，如何用“因地制宜”的原则，来解决设计上的问题。

顾山师，亦是参与日涉园叠山工作的一个。陈所蕴《日涉园重建友石轩五老堂记》(《竹素堂集》卷十八）上说：“石既聚，将卜日鸠工人，有以顾山师荐者。山师故朱氏奴子，幼从主人醒石山人累诸园石，稍稍得其梗概，而胸中故别具丘壑，高出主人远甚。出蓝胜蓝，信不诬也。”从这段文字中可以看出，顾山师是受当时社会压迫的一个劳动工人，由于自己的刻苦钻研，在造园叠山方面有了高度的成就。同文说：“石既奇绝，山师以转丸扛鼎手为之曲折，变幻若出鬼工，巨峰五，小峰数十，溪壑、岩崖、磴道略具……”从这里他的技术可以想见了。日涉园的建造，是“盖始于张山人卧石，继以曹生谅，最后乃得顾生某。”（见同文）而陈所蕴对他们三人的评价是：“人言张如程卫尉，曹如李将军，

★ 上海豫园大假山

顾于程李可谓兼之，亦庶几仿佛近似矣。”（见同文）可见他的技术是继承张南阳与曹谅二人，在原有的基础上加以综合再提高了一步。

《日涉园重建友石轩五老堂记》说：“园成于丙申岁，垂二十年未有记。”丙申是明万历二十四年（1596年），而豫园的建造是从明嘉靖三十八年（1559年）开始，到万历五年（1577年）方完成，前后花十八年功夫。据潘允端《豫园记》，明万历丁丑（1577年）再加扩充，实则豫园竣工当在1577年后（参见本书《上海的豫园与内园》）。那末从1577年到1596年间，为时近二十年，以陈所蕴《日涉园记》所说“十又二年，则无岁不兴土木”一语相证，日涉园应该是在豫园竣工后建造的，以十二年后所说“于是张山人已物故”一语而言，则张南阳是死于日涉园建成后。陈所蕴为其作传，称“行年八十，神王气盈，饮食无异少年……”亦必在日涉园兴建的十二年中，他的殁时当在1596年（丙申）日涉园建成后，即明万历二十四年以后这段时间。而《张山人传》：“予以幣聘之为营日涉园，园成而山人适当八袠揽揆之辰。”活到八十多岁，可知他生于明正德十二年（1517年）稍前。因此豫园的叠山是其六七十岁时的作品，“日涉园”是七十岁后的晚年作品。那末，张南阳设计太仓王世贞的“弇园”，是在何时呢?案王世贞明嘉靖五年（1526年）生，死于万历十八年（1590年），享年六十五岁，以年龄而论，少于张南阳。陈所蕴作《张山人传》则云：“维时吴中潘方伯以豫园胜，太仓王司寇以弇园胜，百里相望，为东南名园冠，则皆出山人之手。两公皆礼山人为重客，折节下之。山人岳岳两公间，义不取苟容，无所附丽也。”从这些话及陈所蕴屡屡以弇园与豫园并提来看，似乎弇园之建造，与豫园的时间相仿佛。则张南阳设计建筑豫园十八年中间，同时往来上海、太仓之间，在两园建造过程中工作，其可能性比较大。再证以潘允端《豫园记》所云“屡作屡止”一语，弇园亦系张南阳六七十岁的作品了。从这里来看，我们对今日张南阳遗作硕果仅存的豫园，是应如何的珍惜与爱护呢?党与政府非常重视这一珍贵的文化遗产——现存明代假山的精品，已由上海文化局加以修整，恢复了它的青春。

1961年

上海豫园

海的豫园与内园

豫园与内园皆在上海旧城区城隍庙的前后，为上海目前保存较为完整的旧园林。上海市文化局与文物管理委员会十分重视这个名园，除加以管理外，并逐步进行了修整，给人口密度最多的地区以很好的绿化环境，作为广大人民游憩的地方，充分发挥了该园的作用。近年来我参与此项工作，遂将所见，介绍于后：

一、豫园是明代四川布政使上海人潘允端为侍奉他的父亲明嘉靖间尚书潘恩所筑，取“豫悦老亲”的意思，名为豫园。从明朱厚熜（世宗）嘉靖三十八年（1559 年）开始兴建，到明朱翊钧（神宗）万历五年（1577 年）完成，前后花了十八年工夫，占地七十余亩，为当时江南有数的名园（潘宅在园东安仁街梧桐路一带，规模甲上海，其宅内五老峰之一，今在延安中路旧严宅内）。十七世纪中叶，潘氏后裔衰落，园林渐形荒废。清弘历（高宗）乾隆二十五年（1760 年），该地人士集资购得是园一部分，重行整理。当时该园前面已在清玄烨（圣祖）四十八年（1709 年）筑有“内园”，二园在位置上所在不同，就以东西园相呼，豫园在西，遂名“西园”了。清道光间，豫园因年久失修，当时地方官曾通令由各同业公所分管，作为议事之所，计二十一个行业各处一区，自行修葺。旻宁（宣宗）道光二十二年（1842 年）鸦片战争时，英兵侵入上海，盘踞城隍庙五日，园林遭受破坏。其后奕訢（文宗）咸丰十年（1860 年），清政府勾结帝国主义镇压太平天国革命，英法军队又侵入城隍庙，造成更大的破坏。清末园西一带又辟为市肆，园之本身益形缩小，如今附近几条马路如凝晖路、船舫路、九狮亭等，皆因旧时凝晖阁、船舫厅、九狮亭而得名的。

豫园今虽已被分隔，然所存整体，尚能追溯其大部分。上海市的新规划，将来是要将它合并起来的。今日所见豫园是当年东北隅的一部分，其布局以大假山为主，其下凿池构亭，桥分高下。隔水建阁，贯以

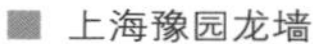

■ 上海豫园龙墙

★ 上海豫园得月楼

花廊，而支流弯转，折入东部，复绕以山石水阁，因此山水皆有聚有散，主次分明，循地形而安排，犹是明代造园的一些好方法。

萃秀堂是大假山区的主要建筑物，位于山的东麓，系面山而筑。山积土累黄石而成，出叠山家张南阳之手，为江南现存最大黄石山。山路泉流纡曲，有引人入胜之感。自萃秀堂绕花廊，入山路，有明祝枝山所书“溪山清赏”的石刻，可见其地境界之美。达巅有平台，坐此四望，全园景物坐拥而得。其旁有小亭，旧时浦江片帆呈现槛前，故名望江亭。山麓临池又建一亭，倒影可鉴。隔池为“仰山堂”，系二层楼阁，外观形制颇多变化，横卧波面，倒影清晰。水自此分流，西北入山间，谷有瀑注池中。向东过水榭绕“万花楼”下，虽狭长清流，然其上隔以花墙，水复自月门中穿过，望去觉深远不知其终。两旁古树秀石，阴翳蔽日，意境幽极。银杏及广玉兰扶疏接叶，银杏大可合抱，似为明代旧物。大假山以雄伟见长，水池以开朗取胜，而此小流又以深静颉颃前二者了。在设计时尤为可取的，是利用清流与复廊二者的联系，而以水榭作为过渡，砖框漏窗的分隔与透视，顿使空间扩大，层次加多，不因地小而无可安排。

小溪东向至点春堂前又渐广（原在点春堂前西南角建有洋楼，1958年拆除，重行布置）。“凤舞鸾鸣”为三面临水之阁，与堂相对。其前则为和煦堂，东面依墙，奇峰突兀，池水萦回，有泉瀑如注。山巅为快阁，据此东部尽头西眺，大假山又移置槛前了。山下绕以花墙，墙内筑静宜轩。坐轩中，漏窗之外的景物隐约可见，而自外内望又似隔院楼台，莫穷其尽。点春堂弯沿曲廊，可导至情话室，其旁为井亭与学圃。学圃亦踞山而筑，山下有洞可通。点春堂，在清奕訢（文宗）咸丰三年（1853年）上海人民起义时，小刀会领袖刘丽川等解放上海县城达十七个月，即于此设立指挥所，因此也是人民革命的重要遗迹。

★ 上海豫园静观堂

二、内园原称“东园”，建于清玄烨（圣祖）康熙四十八年（1709 年）。占地仅二亩，而亭台花木，池沼水石，颇为修整，在江南小型园林中，还是保存较好的。晴雪堂为该园主要建筑物，面对假山，山后及左右环以层楼，为此园之主要特色，有延清楼、观涛楼等。耸翠亭出小山之上，其下绕以龙墙与疏筠奇石。出小门为九狮池，一泓澄碧，倒影亭台，坐池边游廊，望修竹游鱼，环境幽绝。此池面积至小，但水自龙墙下洞曲流出，仍无局促之感。从池旁曲廊折回晴雪堂。“观涛楼”原可眺黄浦江烟波，因此而定名，今则为市肆诸屋所蔽，故仅存其名了。

清代造园，难免在小范围中贪多，亭台楼阁，妄加拼凑，致缺少自然之感，布局似欠开朗。内园显然受此影响，与豫园之大刀阔斧的手笔，自有轩轾。然此园如九狮池附近一部分，尚曲折有致，晴雪堂前空间较广，不失为好的设计。

总之，二园在布局上有所差异，但局部地方如假山的堆砌，建筑物的零乱无计划，以及庸俗的增修，都是清末叶各行业擅自修理所造成的后果。今后在修复工作中，还是要留心旧日规模，去芜存菁，复原旧观才是。

其他如大荷池、九曲桥、得月楼、环龙桥、玉玲珑湖石、九狮亭遗址等，均属豫园所有，今皆在市肆之中，故不述及。（作者按：在 1958 年的兴修中，玉玲珑湖石及九狮亭、得月楼等皆复原，并在中部开凿了大池。）

1957 年

■ 上海嘉定秋霞圃

定秋霞圃和海宁安澜园

秋霞圃

江南一带是明、清私家园林最集中的地方。自明嘉靖以后，士大夫阶级生活日趋豪华，往往自建园林，寄情享乐，嘉定秋霞圃即建于此时。

秋霞圃在上海市嘉定城内城隍庙，创建于嘉靖年间，到万历、天启时，又加以扩充修建。据同治《嘉定县志》卷三十所载，系当时尚书龚宏的住宅，因又称“龚氏园”。园中有数雨斋、三隐堂、松风岭、寒香室、百五台、岁寒径、洒雪廊等。到明末龚姓衰败了，由龚宏的曾孙龚敏行出售给安徽盐商汪姓，后又一度归还龚姓。清雍正四年（1726年）又辗转由汪姓售与邑庙，后改称城隍庙后园，作了官僚地主酬神宴客及清谈娱乐的所在。从清初到中叶，中国园林已发达到了高峰，正如《扬州画舫录》所载的扬州地方，除奢侈华丽的盐商别墅外，连寺庙、书院、餐馆、歌楼、浴室等，都开池筑山，栽植花木，如青浦邑庙曲水园，上海邑庙豫园、内园，常熟城隍庙后园等。秋霞圃也就是在这时变为城隍庙后园的，可见当时的风尚了。

秋霞圃自作城隍庙后园后，住宅部分就改建为城隍庙。据张大复《梅花草堂笔记》所说，“其后人（指汪姓）贫乃拆此宅”可知。这园的总平面为长方形，中间为一狭长水池。池北主要建筑为四面厅，名“山光潭影”。厅西有黄石假山一座，所叠石壁绝佳。山上筑亭名“即山”，登亭可俯瞰全园，远眺城乡。北部墙外原有环水，今已涸。假山下有洞名“归云”。山后北麓筑一轩名“延绿”，与四面厅相接连。隔水为大假山，积土缀湖石而成。曲岸断续，水口湾环，泉流仿佛出自山中，复汇于池内，又溢出于园外。临水断岸处则架以平桥，人临其上，宛如凌波，与对岸黄石假山临水手法，有异曲同工之妙。不过南岸以玲珑取胜，北岸则以浑成见长。因园外无景可借，故南北皆叠山，上植落叶乔木，疏密有致，身临其境，顿觉园林幽邃，不知尽端所在。这种山巅多植落叶乔木手法，在园林实例中很多，如苏州的沧浪亭、留园等都是如此，不但气象开朗，而且景物变化亦大，春夏时浓郁，秋冬时萧疏，给人以不同季节的感觉。较之惯用常绿树的园林，风格有所不同。北岸临水有扑水亭，又名宜六亭，横卧波上，仰望山石嶙峋，又一园的胜处。西部尽端有一组建筑物，面水为“丛桂轩”，其南为池上草堂。轩西南各有一小院，内置湖石、芭蕉、修竹等，是轩外极好留虚的地方。折东为旱船，名舟而不游轩，亦紧倚池旁。池东有堂名屏山堂，与丛桂轩互为对景。其前有三曲桥，曲折可通南部假山。堂左右缀以花墙，凝霞阁踞东墙外，登阁上则全园风景即在眼底。阁前月门内有枕琴石及亭。该处地面较低，似自成一区，远望仿佛为池，即所谓“旱园水做”的假象办法。

这园从整个来说，池面北部为四面厅及扑水亭等建筑衬托在北山之下，似以建筑为主，而南部则以大假山为主，以旱船为辅。用华丽与

★ 上海嘉定秋霞圃

天然相对比，对比中又有变化。池水因园小，故用聚的方法，位于园西部中央，看上去仿佛是一园的中心，但复用曲岸石矶等形成聚中有分。为了不使水面分隔过小，桥皆设于池的四周；用环形交通线，系与园林用曲廊与曲径环绕同一办法。根据地形与水面的距离等情况，直中有曲、曲中有直，使两侧的风景面，在顾盼时略作转动变化。南北两岸是以山石和建筑物互为对景。从山石看来，以南面前后二座为主，而山坳中高林下的曲径，却是一个大手笔，这在江南私家园林中还不多见。北部则以建筑物为主，却用较小的黄石假山为辅。以建筑而论，应以北岸为主，以其体积及数量皆过于南部。池东西两侧，用小型建筑物互为呼应，而东部花墙外的凝霞阁又与西部互为借景。就苏南诸园而论，其设计手法仍属上选。江南私家园林在设计时，与假山隔水的建筑物，往往距山石不远。因为假山不高，其后复为高墙而无景可借，所以在较近的距离之下，仅见山的片断，即是深谷石矶、峰峦古木，亦皆成横披小卷；如墙外有景可借，则在平岗曲岸衬托之下，便是直幅长轴。此观苏州诸园与无锡、常熟诸园，便可分晓。前者墙外无景，后者有惠山与虞山可借。秋霞圃的水面狭长，使扑水亭较近南部假山，丛桂轩与旱船更近北部假山，延绿轩则又隐于山后，就是应用前者手法。叠山以时期而论，北部黄石假山结构浑成，石壁山洞的结构、山径的安排及亭的设置，略低于山巅平台等处理，皆为明代假山惯用手法，与上海豫园的手法相类似，应为明代嘉靖间原构，时间可能仿佛于豫园。而南部的湖石露土假山，屡经修建，已损坏甚多。该园原来还有很多建筑，见于记载的有：籁隐山房、环翠轩、闲研斋、藚藻香室、枕流漱石轩、碧光亭、畅堂、临清室、大门等，今或不存，或已改建。东部花墙外，尚余立峰及花木，房屋则已改建校舍。西部则为园的主要部分，今假山、树木尚完整。

安　澜　园

1960 年 2 月，我与浙江省文物管理委员会朱家济同志赴浙江海宁盐官镇（旧海宁城）调查了安澜园遗址及陈宅建筑。返沪后，承陈赓虞先生出示其珍藏的《安澜园图》。按图与遗址相校勘，再征之文献，当时情况尚能仿佛。

★ 上海嘉定秋霞圃

安澜园为明、清两代江南名园之一。清弘历（乾隆）南巡六次，除第一次（乾隆十六年——1751年）、第二次（乾隆二十二年——1757年）两次未到海宁外，曾四次“驻跸”此园（乾隆二十七年——1762年，乾隆三十年——1765年，乾隆四十五年——1780年，乾隆四十九年——1784年）。乾隆二十七年第三次南巡后，并将安澜园景物仿造到北京圆明园中的“四宜书屋”前后，于乾隆二十九年（1764年）建成，亦名其景为安澜园①。如今二园俱废。

安澜园原系南宋安化郡王王沆故园（见《海昌胜迹志》），明万历间，陈元龙的曾伯祖与郊（官太常寺少卿）就其废址开始建造。因园在海宁城的西北隅，以西北两面城墙为园界（园门地点今称北小桥），而陈与郊又号隅阳，所以用“隅园”命名，当地人则呼为“陈园”。“隅园”时期仅占地三十亩。从明代王穉登《题西郊别墅诗》“小圃临湍结薜萝”及“只让温公五亩多”之句来看，足征此园并不大。到明末崇祯间葛徵奇《晚眺隅园诗》“大小涧壑鸣”、“百道源相通”，陆嘉淑《隅园诗》“百顷涵清池”与“池阳台外水连天”等句来看，园之水面渐广，景物又胜于前了。到清初略受损坏（见徐灿《拙政园诗余集》[徐为陈之遴妻]），雍正时已到“岁久荒废”的地步（从周按：玄烨［康熙］“南巡”时未至海宁）。雍正十一年（1733年），陈元龙八十二岁以大学士乞休归里，就“隅园”故址扩建，占地增至六十余亩，更名“遂初”，胤禛（雍正）赐书堂额“林泉耆硕”四字。从陈元龙的《遂初园诗序》来看，“园无雕绘，无粉饰，无名花奇石，而池水竹石”，以“幽雅古朴”见称，则还是保存了明代园林的特色。陈元龙活到八十五岁殁于乾隆元年（1736

① 见《日下旧闻考》卷八十二及清高宗御制《安澜园记》。

■ 海宁安澜园后院

■ 经幢，安澜园外遗迹

年），殁后其子邦直（官翰林院编修）园居近三十年（乾隆四十二年——1777年，八十三岁去世），在乾隆二十七年第三次南巡时，“复增饰池台”，虽较遂初园时代华丽一些，不过尚是“以朴素当上意”的①。从乾隆二十七年到四十九年的二十二年中，园主为了讨好封建帝王与借此增加个人的享受，陆续添建，扩地至百亩，楼台亭榭增至三十余所。而园名则于乾隆第三次南巡时赐名“安澜园”②，因地近海塘，取“愿其澜之安”的意思③。因为封建帝王四次“驻跸”其间，复经陈氏的踵事增华，遂成为当时江南名园。沈三白《浮生六记》卷四谓：“游陈氏安澜园，地占百亩，重楼复阁，夹道回廊，池甚广，桥作六曲形，石满藤萝，凿痕全掩，古木千章，皆有参天之势，鸟啼花落，如入深山，此人工而归于天然者。余所历平地之假石园亭，此为第一。曾于桂花楼中张宴，诸味尽为花气所夺。”这是乾隆四十九年八月所记，正是弘历第六次南巡、第四次到安澜园之后，即该园全盛时期。沈三白对园林欣赏有

---

① 见陈璂卿《安澜园记》。
② 见《南巡盛典》卷一百五。乾隆二十七年高宗御制驻跸陈氏安澜园即事杂咏六首。
③ 见清高宗御制《安澜园记》。又乾隆二十七年高宗御制驻跸陈氏安澜园即事杂咏六首：“安澜祝同郡”。

一定的见解，他对当时苏州名园之一的狮子林假山，还认为没有山林气势，而对这园的评价有如此之高，可以想见其造园艺术的匠心了。陈璂卿于嘉庆末作《安澜园记》，描绘得相当细致①，是该园全盛时期结束开始衰落时的记录。到道光间，园渐衰废，陈其元《庸闲斋笔记》卷一："道光（八年）戊子（1828 年），余年十七，应戊子乡试，顺道经海宁观潮，并游庙宫及吾家安澜园，时久不南巡，只十二楼新葺（从周案：十二楼为私家园林中仅见之例，钟大源《安澜园十六咏》有"一月一登楼，阑干闲倚遍"句）。此外，台榭颇多倾圮，而树石苍秀奇古，池荷万柄，香气盈溢。梅花大者夭矫轮囷，参天蔽日，高宗皇帝诗所谓'园以梅称绝'者是也。厅中设御座……"管庭芬道光间《过陈氏安澜园感怀诗》有句云："残碣依然题藓字，闲阶到处长苔钱。""垣墙缺处补荆榛，竟有莬荛雉兔人。""回廊渐长野蔷薇，瓦压文窗草没扉。""尘凝粉壁留诗迹，风接朱櫺任鸽飞。"该园已成"儿童不知游客恨，放鸽驱羊闹水涯"了。咸丰七八年间（1857—1858 年）被毁，旋为其子孙拆卖尽②。同治间，陈其元重至该园时，据他所写的《庸闲斋笔记》卷一："同治（十二年）癸酉（1873 年）重游是（安澜）园，已四十六载矣。……尺木不存，梅亦根株俱尽，蔓草荒烟，一望无际，有黍离之感。断壁间犹见袁简斋先生所题诗一绝云……以后则墙亦倾颓不能辨识矣。"这时的安澜园几乎全废了。据冯柳堂著《乾隆与海宁陈阁老》一书所载，及前辈郑晓沧教授所云：在清末该园一隅建达材高等小学，校舍原有盘根老树皆不存。校舍以外，丘陵起伏，桥池犹存，残垣有时剥去白垩，赫然犹是黄墙。民初园址辟为农场，尽成桑田。石之佳者又为邻园吴姓小园（吴芷香建）移去。今日我们只能见到部分土阜与零星黄石而已。水面亦被填塞一部分。六曲桥尚存，低平古朴，宛转自如，确是明代的遗物。至于弘历"御碑"已折断，易地置于断垣中。"筠香馆"一额亦系弘历"御笔"，边

★ 海宁安澜园遗址

---

① 见《海昌胜迹志》。

② 见管庭芬跋陈璂卿《安澜园记》。

框制作成竹节状，甚精，现移悬于陈宅中。

《安澜园图》今传世的有乾隆三十六年（1771年）所刊《南巡盛典》中的“安澜园图”。陈氏后裔陈赓虞先生所藏《陈园图》及钱镜塘先生藏《海宁陈园图》[①]，据朱启钤师及单士元先生说，闻故宫尚有藏本。清末海宁朱克勤先生曾有另一《安澜园图》，不知是否即钱镜塘先生的一本（一说为直幅）？钱本今藏浙江博物馆，与《陈园图》相似。如今根据遗址并陈元龙《遂初园诗序》、陈璂卿《安澜园记》，与两图相勘校，皆能符合。《南巡盛典》所载《安澜园图》与陈元龙《遂初园诗序》中所记吻合，则是该园早期景状，还存遂初园时期的样子。其后经过乾隆三次“驻跸”其间，陈氏屡承“宠锡”，于是园林更修筑得讲究与豪华了。尤其乾隆四十九年（1784年）弘历第六次南巡（第四次到安澜园），还带了他的十五子颙琰（嘉庆）、十一子永瑆及十七子永璘同到海宁，在《陈园图》中可以看到有太子宫的一组建筑，大约为当时皇子居住之处，其他更有“军机处”的一组行政性建筑，都是这图中特出的地方。再从绘画笔调与原装用绫来看，亦属嘉庆间物，图中景物又复与陈璂卿所记相符，则《陈园图》之作是安澜园全盛时期后的写本，为今日研究安澜园的最具体与完整的资料了。至于乾隆的四次到安澜园，每次皆有叠韵的即事诗六首，遍刻于“御碑”四面，亦涉及一些园中景物。此园借景其南的安国寺，寺旧有罗汉堂，康熙六年（1667年）海宁人张行极建，造象亦精，弘历于乾隆三十九年（1774年）曾仿造于承德外八庙。

陈氏在海宁城内的建筑，除安澜园与瓦石堰下老宅（陈元龙爱曰堂）外，尚有其侄陈邦彦的春辉堂新宅等十处。今仅爱曰堂尚存门厅一，及东路双清草堂与其后小厅三处。双清草堂为花厅，面阔三间，用四个大翻轩构成，在江浙是第一次见到；为当年陈元龙退居之处，额出陈奕禧手。厅后以廊与小厅三间相贯，今筠香馆额所在处，其间置湖石一区，颇楚楚有致。双清草堂西，今尚有罗汉松一株，大可合抱，似为明以前物。此宅临河，大门北向，居住部分皆倒置易为南向。门前尚留巨大旗杆，则为隔河康熙时杨雍建宅物。

1963年

---

① 钱氏所藏《海宁陈园图》与陈赓虞先生所藏之图系同出一稿，钱图似晚出。

★ 清代海宁安澜园图

■ 杭州西湖晚霞

西湖园林风格漫谈

西湖的园林建筑是我们园林修建工作者的一个重大课题，它既复杂又多样，其中有巨作、有小品，是好题材。古来的作家诗人，从各种不同角度，写成了若干的不朽作品，到今日尚能引起我们或多或少的幻想和憧憬。

西湖是我国最美丽的风景区之一。今天在党的领导下，经过多少人的辛勤劳动，使她越变越美丽。可是西湖并不是从白纸上绘制的一幅新图画，她至少已有一千多年的历史（说得少点从唐宋开始），并在前人的基础上一直在重建修改。唐人诗词上歌咏的与宋人笔记上记载的西湖，我们今天仍能在文献资料中看到。社会在不断发展，西湖也不断地在变，今天我们希望她变得更好，因此有必要来讨论一下。清人汪春田有重葺文园诗："换却花篱补石阑，改园更比改诗难；果能字字吟来稳，小有亭台亦难看。"这首诗对我们园林修建工作者来说，真是一言道破了其中甘苦的，他的体会确是"如鱼饮水，冷暖自知"。花篱也罢，石阑也罢，我们今天要推敲的是到底今后西湖在建设中应如何变得更理想，这就牵涉到西湖园林风格问题，这问题我相信大家一定可以"争鸣"一下。如今我来先谈一谈西湖的风景。

西湖在杭州城西，过去沿湖滨路一带是城墙，从前游西湖要出钱塘门、涌金门与清波门，因此白蛇传的许仙与白娘娘就是在这儿会面的。她既位于西首，三面环山，一面临城，因此在凭眺上就有三个面：即向南山、北山及面城的西山。以风景而论，从南向北，从东向西，比从北望南来得好，因为向北向西，山色都在阳面，景物宜人，如私家园林的"见山楼"、"荷花厅"多半是北向的。可是建筑物面向风景后，又不免要处于阴面，想达到"二难并，四美具"，就要求建筑师在单体设计时，在朝向上巧妙地考虑问题了。西山与北山既为最好的风景面，因此应考虑这两山（包括孤山）是否适宜造过于高大的建筑物，以致占去

■ 西湖古桥

过多的绿化面与山水；如孤山，本来不大，如果重重地满布建筑物的话，是否会产生头重脚轻失调现象。同济大学设计院在孤山图书馆设计方案时，我就开宗明义地提出了这个问题。即使不得已在实际需要上必须建造，亦宜大园包小园，以散为主，这样使建筑物隐于高树奇石之中，两者会显得相得益彰。再其次，有些风景遥望极佳，而观赏者要立足于相当距离外的观赏点，因此建筑物要发挥观赏佳景作用，并不等于要据此佳丽之地大兴土木，甚至于踞山盘居，而应若接若离地去欣赏此景，这就是造园中所谓"借景"、"对景"的命意所在。我想如果最好的风景面上都造上了房子，不但破坏了风景面，即居此建筑物中亦了无足观，正所谓"不见庐山真面目"了。过去诗文中常常提到杭州城南风光，依我看还是北望宝石山、孤山与白堤一带景物更为美妙吧！

西湖风景有开朗明静似镜的湖光，有深涧曲折、万竹夹道的山径，有临水的水阁湖楼，有倚山的山居岩舍，景物各因所处之地不同而异。这些正是由西湖有山有水的优越条件而形成。既有此优越的条件，那末"因地制宜"便是我们设计时最好的依据了。文章有论著，有小品，各因体裁内容而异，但总是要切题，要有法度。清代钱泳说得好："造园如作诗文，必使曲折有法。"这就提出了园林要曲折，要有变化的要求，因此西湖既有如此多变的风景面，我们做起文章来正需诗词歌赋件件齐备，画龙点睛，锦上添花，只要我们构思下笔就是。我觉得今后对西湖这许多不同的风景面，应事先好好地安排考虑一下，最重要的是先广搜历史文献然后实地勘察，左顾右盼，上眺下瞰，选出若干观赏点。选就以后就能规定何处可以建筑，何处只供观赏不能建造多量建筑物，何处适宜作安静的疗养处，何处是文化休憩处。这都要先"相地"，正如西泠印社四照阁上一联所说的："面面有情，环水抱山山抱水；心心相印，因人传地地传人。"上联所指，是针对"相地"、"借景"两件园林中最主要的要求而言，我想如果到四照阁去过的人，一定体会很深。而南山区的雷峰塔，则更是重要的一个"点景"建筑。

大规模的风景区必然有隐与显不同的风景点，像西湖这样好的自然环境，当然不能例外，有面面有情、处处生姿的西湖湖面及环山；有"遥看近却无"的"双峰插云"；更有"曲径通幽"的韬光龙井。古人在

湖山佳處

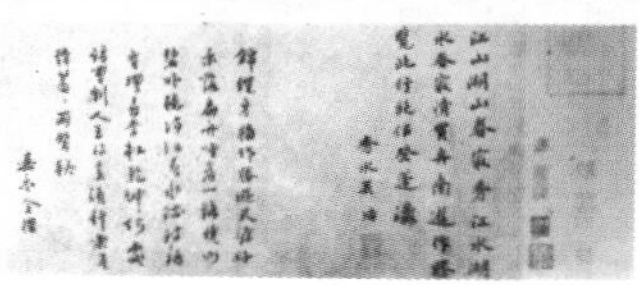

★ 南宋李嵩杭州西湖图

处理这许多各具特色的风景点，用的是不同的巧妙手法，因此今后安排景物时，如何能做到不落常套，推陈出新，我想对前人的一些优秀手法，以及保存下来的出色实例，都应作进一步的继承与发扬。当然我们事先应作很好的调查，将原来的家底摸摸清楚，再作出全面的分析，这样可能比较实事求是一些。

西湖是个大风景区，建筑物对景物起着很大的作用，两者互相依存，所谓“好花须映好楼台”。尤其是中国园林，这种特点更显得突出。西湖不像私家园林那样要用大量的亭台楼阁，可是建筑物却是不可缺少的主体之一。我想西湖不同于今日苏扬一带的古典园林，建筑物的形式不必局限于翼角起翘的南方大型建筑形式；当然红楼碧瓦亦非所取，如果说能做到雅淡的粉墙素瓦的浙中风格，予人以清静恬适的感觉便是。大型的可以翼角起翘，小型的可以水戗、发戗或悬山、硬山、游廊、半亭，做到曲折得宜，便是好布置。我们试看北京颐和园主要的佛香阁一组用琉璃瓦大屋顶，次要的殿宇馆阁，就是灰瓦复顶。即使封建社会皇家的穷奢极欲，也还不是千篇一律的处理。再者西湖范围既如此之大，地区有隐有显，有些地方

杭州西湖

建筑物要突出，有些地方相反地要不显著，有些地方要适当地点缀，因此在不同的情况下，要灵活地应用，确定风景和建筑何者为主，或风景与建筑必须相映成趣，这些都要事先充分地考虑。尤其是今天，西湖的建筑物有着不同的功能，这就使我们不能强调内容为先还是形式为先，要注意到两者关系的统一。好在西湖范围较大，有水有山，有谷有岭，有前山有后山，如果能如上文所说能事先有明确的分区，严格地执行，这问题想来也不太大。如此就能保持整个西湖风格的统一与其景物的特色。

西湖过去有“十景”，今后当有更多的好景。所谓“十景”是指十个不同的风景欣赏点，有带季节性的如“苏堤春晓”、“平湖秋月”；有带时间性的“雷峰夕照”；有表示气候特色的“曲院风荷”、“断桥残雪”；有突出山景的“双峰插云”；有着重听觉的“柳浪闻莺”；等等。总之根据不同的地点、时间、空间，产生了不同的景物，这些景物流传得那么久，那么深入人心，是并非偶然的。好景一经道破，便成绝响，自然每一个到过西湖的人都会留下不灭的印象。因此今日对于景物的突出，主题的明确是要加以慎重考虑的。如果景物宾重于主，或虽有主而不突出，如“曲院风荷”没有荷花，即使有亦不过点缀一下，那么如何叫人一望便知是名副其实呢?所以我这里提出，今后对于这类复杂课题，都要提高到主宾明确，运用诗情画意，若即若离，空濛山色，迷离烟水的境界去进行思考处理。因此说西湖是画，是诗，是园林，关键在我们如何地从各种不同角度来理解它。

树木对于园林的风格是起一定作用的。记得古人有这样的句子："明湖一碧，青山四围，六桥锁烟水。"将西湖风景一下子勾勒了出来。从"六桥烟水"四字，必然使读者联想到西湖的杨柳。这烟水杨柳，是那么的拂水依人。再说"绿杨城郭是扬州"，"白门杨柳好藏鸦"。都是说像扬州、南京这种城市，正如西湖一样以杨柳为其主要绿化物。其他如黄山松、栖霞山红叶，也都各有其绿化特征。西湖在整个的绿化上不能不有其主要的树类，然后其他次要的树木才能环绕主要树木，适当地进行配合与安排。如果不加选择，兼收并蓄的话，很难想象会造成什么结果。正如画一样必定要有统一的气韵格调，假山有统一的皴法。我觉得西湖似应以杨柳为主。此树喜水，培养亦易，是绿化中最易见效的植物。其次必定要注意到风景点的特点，如韬光的楠木林，云栖龙井的竹径，满觉陇的桂花，孤山的梅花，都要重点栽植，这样既有一般，又有重点，更好地构成了风景地区的逗人风光。至于宜于西湖生长的一些树木，如樟树、竹林，前者数年即亭亭如盖，后者隔岁便翠竿成荫，在浙中园林常以此二者为主要绿化植物，而且经济价值亦大，我认为亦不妨一试，以标识浙中园林植物的特点。至于外来的植物，在不破坏原来风格的情况下，亦可酌量栽植，不过最好是专门辟为植物园，其所收效果或较散植为佳。盆景在浙江所见的，比苏州、扬州更丰富多彩。我记得过去看见的那些梅桩与佛手桩、香橼桩，培养得好，苔枝缀玉，碧树垂金，都是他处不及的，皆出金华、兰溪匠师之手。像这些地方特色较重的盆景，如果能继续发扬的话，一定会增加西湖不少景色。

1962 年 3 月

■ 绍兴大禹陵

绍兴大禹陵及兰亭

1958年1月，浙江省绍兴县人民委员会对大禹陵和兰亭进行修复，我参加了施工前的调查、计划工作。现将调查所得分述于后：

大禹陵在绍兴市东南约十二里的会稽山麓，出绍兴市稽山门由水路可达，古人所谓“山阴道上”，风景确是明秀宜人。现在该处建筑群计分：（一）大禹陵，（二）大禹庙，（三）大禹寺。三者皆在一地，后二者因前者而产生，如以建筑而论，当首推大禹庙。

大禹庙的历史，《浙江通志》卷二百二十一说：“大禹庙在县东南，少康立祠于陵所，梁时修庙，……宋政和四年（1114年）敕庙额曰告成，东庑祭嗣王启，而越王勾践亦祭别室。……郡境尚有四所，一在山阴县西涂山，一在山阴县蒙捶山，一在嵊县了溪上，一在新昌南名公塘庙。山阴庙在涂山，宋元以来，咸祀于此，明时始即会稽山陵庙致祭，兹庙遂废。大禹陵庙每岁有司以春秋二仲月祭。康熙二十八年（1689年）南巡阅视黄河，念大禹神功，特幸会稽，二月十四日昧爽致祭。……绍兴府知府李铎增葺祠宇，五十二年（1713年）知府俞卿重修，而旧祠规模狭隘，岁久断圮。雍正七年（1729年）总督李卫动帑兴修。”同书卷二百三十八：“宋乾德四年（966年）诏吴越王立禹庙于会稽，……绍熙三年（1192年）十月修大禹陵庙。明洪武三年（1370年）浙江省进大禹陵庙图。九年（1376年）命百步之内禁人樵采，设陵户二人，有司督近陵人看守，每三年遣道士斋香帛致祭，登极遣官告祭。每岁有司以春秋二仲月祭。”到了清嘉庆五年（1800年）阮元巡抚浙江时，曾重修一次（见阮元《重修会稽大禹陵庙碑》）。其后1935年，张载阳又集款大规模进行修理（见《章炳麟大禹庙碑》），遂成今状。

大禹庙经历代修建，今日从文献方面可以考知其规模的，只有康熙《会稽县志》。该志卷十四上说：“夏禹王庙在县东南一十二里，正殿七间（作者案：志附图仅五间），东西两庑各七间（作者案：附图作八间，似误），中门三间，棂星门三间，大门一间，宰牲房一所，窆石亭一座（嘉靖三年〔1524年〕知府南大吉修，二十年〔1541年〕知府张明道重修），禹书碑亭一座（碑文于明嘉靖二十年由知府张明道将岳麓

绍兴大禹陵正殿

■ 绍兴兰亭

书院本翻刻入石），陵殿三间，石亭一间，碑曰‘大禹陵’，斋宿房一所，棂星门三间（俱知府南大吉建）。”其他如绍兴县人民委员会所藏清末俞骏绘《禹陵》一图，也与今日布局相似。

现在的大禹庙，已经过1935年的一次大修理，但当时所及以正殿为主，其他仅略加修葺，现存木构当以大门、中门及乾隆“御碑”亭较早。

大禹庙在大禹陵旁，坐北朝南，周以丹垣，总体布局前低后高，不在一个平面上。入口为东西辕门各一间，悬山顶造，现已损毁。入内北

向为岣嵝碑亭，石制，单檐歇山造。碑高一丈一尺七寸，宽五尺六寸。其北为石狮一对及石制棂星门三间。入内进甬道为大门，面阔三间，进深七檩，单檐歇山造。中柱之间辟三门，东西次间的梁架应用垂莲柱，脊檩之下施欅间。斗栱平身科明间用四攒，次间三攒，山面与次间相同，用五踩双昂，手法近“官式”，梁枋砍杀，亦非当地常态。又正背两面尚存顶部有卷杀的柱二根，从这二柱以及脊檩下的欅间来看，证以乾隆“御碑”亭的若干做法，此门似在清乾隆时重建，并用了一些旧料。至于脊饰及屋角起翘屡经修理，则纯为江南做法了。其左右有朵殿各三间，施前廊，单檐硬山造。其出檐将把头梁延长向前伸作挑梁状，前端置挑檐檩，也是江南常用手法。再北登高台为中门，面阔三间进深七檩，单檐歇山造。梁架手法与大门相似，用方料直材，与当地一般建筑稍异，但比“官式”用材又较小。其建造年代当与大门同时，而彩画则经重绘。斗栱平身科明间四攒，次间三攒，山面自南往北，第一、三两间各一攒，第二间六攒，斗栱手法及出跳均与大门相同。其旁有朵殿各三间，施前后廊，单檐硬山造，为置碑之所。最后为正殿五间，重檐歇山造，系一九三五年重建，钢筋混凝土结构。其前置清乾隆辛未（1751年）“御书”碑亭。亭歇山顶，石柱，施一斗三升斗栱。正殿旁有左右配殿各五间，单檐硬山造。自东配殿背后登山，有八角亭，今已废。内置窆石，亭背树有“禹穴”二字碑一。

★ 绍兴大禹庙窆石

于此四望，近处峰峦，远渚烟水，尽入眼底。对于窆石的解释，其说不一。康熙《会稽县志》谓："禹葬会稽山，取此石为窆。"明韩阳《重修窆石亭记》以为"是下棺之具"，或"下棺之后以石镇之"。石高约一丈，顶上有穿，题字在石下方，字大二寸许，《金石录》以为东汉永建元年（126年）五月所刻。清阮元《两浙金石志》以其篆文似天玺记功碑，断为三国时所刻，今字迹已模糊难辨。石上尚有南宋赵与升隶书题名（无年月），元皇庆元年（1312年）李倜题名。石旁有清阮元隶书《重修会稽大禹陵庙碑》、明天顺六年（1462年）韩阳《重建窆石亭记碑》。

大禹陵西向，面临禹池，正对亭山，禹池外二小山分列左右，而会稽山环抱其后。陵殿已毁，陵前尚存大禹陵碑一通，上复歇山顶碑亭，斗栱用五跴双昂，建筑手法与大禹庙大门、中门相似。其旁为八角重檐石亭，上书古咸若亭。陵南有一碑亦书"禹穴"二字，为康熙五十一年（1712年）二月所立。入口处有棂星门三间，大门已不存。陵之北为大禹寺，梁大同十一年（545年）建，唐会昌五年（845年）毁废，翌年重建，自唐以来为名刹。西偏有泉名菲饮（据嘉泰《会稽志》）。今仅残存寺殿五间，也是晚近建筑。殿后壁间嵌有唐开成五年（840年）岁次庚申所刻往生碑一通。

★ 绍兴大禹庙前殿

兰亭在绍兴市西南二十七里。这个地方群山合抱，曲水弯环，茂林修竹映带左右，风景非常优美。嘉庆《山阴县志》有如下记载："勾践种兰渚田，汉旧县亭，王羲之曲水序于此作，太守王廙之移亭在水中，晋司空何无忌临郡起亭于山椒，极高昼眺，亭宇虽坏，基陛尚存。赵宋景祐中太守蒋堂于兰亭修永和故事有诗。明嘉靖戊申（1548年），郡守沈启移兰亭曲水于天章寺前。康熙十二年（1673年）、三十四年（1695年）均重建，嘉庆三年（1798年）重修，并查明旧亭基址在东北隅上，土名石壁山下。”可知今日的兰亭，是明代嘉靖间迁移后的所在。兰亭已有多次迁移，王羲之作曲水序的究竟是哪一处，现在已经不得而知了。

★ 绍兴大禹庙石亭

兰亭主要木构为曲水流觞亭，系面阔三间、单檐歇山、四面用周廊的建筑，面临曲水。其后中轴线上，为清康熙写的《兰亭序》碑的碑亭，八角重檐。其旁又有兰亭碑亭，系在盝顶之上再加一方顶，形制较特殊。两碑亭都是公元1923年重修。当时又在曲水前建一面阔三间、重檐歇山的文昌阁及大门三间。在曲水左为右军祠，也是1923年重修的。殿前大池周以廊庑，而一亭出水中，宛有宋人水殿之意，为他处所无。此外还有三角形的鹅池亭等。兰亭建筑在布局上，是按江南园林的方法，以曲水平冈亭阁为主，故入口顿觉开朗。在园林设计的“借景”上，是经过一番安排的。与大禹陵相较，一主严谨，一主明秀，建筑情调有所不同。从乾隆《绍兴府志》所载《兰亭图》及嘉庆《山阴县志》一图看来，两图情况无大异处，可知嘉庆后修理时的变动较大，而1923年的修理，其变化就更大了。

1959年

★ 绍兴大禹陵

■ 绍兴沈园

绍兴的沈园与春波桥

前几年我因绍兴的禹庙与兰亭的修复工程，到绍兴去了，住在鲁迅纪念馆。相近有一座春波桥，桥旁就是沈园，里面并设了南宋爱国诗人陆放翁（游）的纪念馆。沈园亦经过整理，新筑了围墙，常常有从各地方去凭吊的人，尤其是在春日。这里是放翁最有名的一首作品——《钗头凤》词的诞生地。这词使人联想到放翁在旧社会封建势力压迫下的一幕悲剧。

沈园在春波桥旁，现存小园一角，古木数株，在积土的小坡上，点缀一些黄石。山旁清池澄澈，环境至为幽静。旁有屋数椽，今为放翁纪

■ 绍兴兰亭

■ 绍兴沈园

■ 绍兴王右军祠

念堂，内部陈列了放翁遗像以及放翁作品。根据记载，沈园在南宋是个名园，范围比今日要大几倍。

放翁原娶唐琬，是他母亲的侄女，两人感情很好。后来因为他母亲不喜欢这位媳妇，放翁又不忍出其妻，将她居住到另一个地方，但终因迫于母命而分开了。唐琬不得已改嫁给当时的宗室赵士程。有一年正月，两人相遇在城南禹迹寺（今尚存，建筑物已重建）沈氏园，酒间放翁赋《钗头凤》一词。题于壁间，词云："红酥手，黄縢酒，满城春色宫墙柳。东风恶，欢情薄，一怀愁绪，几年离索。错，错，错!春如旧，人空瘦，泪痕红浥鲛绡透。桃花落，闲池阁。山盟虽在，锦书难托。莫，莫，莫!"唐琬的和词云："世情薄，人情恶，雨过黄昏花易落。晓风乾，泪痕残，欲笺心事，独语斜阑，难，难，难!人成各，今非昨，病魂常似秋千索。角声寒，夜阑珊，怕人寻问，咽泪妆摧，瞒，瞒，瞒!"这是绍兴廿五年（1155年），放翁三十一岁。不久唐琬死，这对放翁当然是一个刺激，这刺激与隐痛可说一直延续到他将死。绍熙三年（1192年）放翁六十八岁，又做了一首诗，序云："禹迹寺南有沈氏小园，四十年前尝题小词壁间，偶复一到，园已三易主，读之怅然。"诗云："枫叶初丹槲叶黄，河阳愁鬓怯新霜；林亭旧感空回首，泉路凭谁说断肠。

★ 绍兴春波桥

★ 绍兴沈园

坏壁题诗尘漠漠，断云幽梦事茫茫；年来妄念消除尽，回向蒲龛一炷香。”放翁晚年是住在城外鉴湖畔的山上，每次入城，必登寺眺望沈园一番，因此又赋了二首。诗说：“梦断香消四十年，沈园柳老不飞绵；此身行作稽山土，犹吊遗踪一泫然。”“城上斜阳画角哀，沈园无复旧池台；伤心桥下春波绿，曾是惊鸿照影来。”第二首诗的末后两句写得那么真挚，今日熟悉这诗的游客过春波桥[①]，望了桥下清澈的流水，总要想起这两句来。此时的放翁已七十五岁了。到开禧元年（1205年），放翁八十岁那年，又作了《岁暮梦游沈氏园》的二首诗：“路近城南已怕行，沈家园里更伤情；香穿客袖梅花在，绿醮寺前春水生。”“城南小陌又逢春，只见梅花不见人；玉骨久成泉下土，墨痕犹锁壁间尘。”已是垂老的情怀，尚是难忘这段旧事。

我们谈了这一些诗词，使人很清楚地明白了这一个故事与沈园及春波桥的由来，但见文字是那末平易能懂，情感与意思是那么的深刻动人。如今人民政府已将沈园修复，又添设了纪念馆。旧社会一去不复返，旧的封建制度再也不会再来。我想放翁地下有知，亦当含笑于九泉了。

1963年10月

① 绍兴同样尚有一座春波桥在城外。宝庆《会稽志》云：“在会稽县东南五里，千秋鸿禧观前，贺知章诗云：‘离别家乡岁月多，近来人事半消磨，唯有门前鉴湖水，春风不改旧时波。’故取此桥名。”现在沈园前的春波桥，正对禹迹寺，嘉泰《会稽志》及乾隆《绍兴府志》均名禹迹寺桥，清光绪时重修，改名为春波桥。

■ 东南佛国——宁波天童寺

波天童记游

天童寺是浙江宁波著名的古刹，早在宋代已是中国佛教“五山十刹”之一。当时日本来华的高僧，以到明州（宁波）参拜此寺为荣。从日本今尚藏有的南宋时绘的《大唐五山诸堂图》中，还可以看出这一时期天童寺的规模。而今世界的佛教信徒能娓娓道此寺者，亦不乏人。它不但是古寺，同时又是宁波的一个风景区，远道跋涉而来朝山进香、游山观水者，长年络绎于途。

天童寺是我重游之地，记得八年前曾经来过。那时候途中的小白岭公路尚未筑成，从育王寺徒步到天童寺，足足花了半天工夫，黄昏入

■ 宁波阿育王寺

■ 宁波天童寺佛殿

寺已是人倦力尽。这次因为宁波附近的保国寺北宋大殿要修理，我受文化部的委托去计划此项工程，顺便得来到此名山古刹，再领略一次山光岚影与梵音晨钟。

天童寺在宁波市东乡。从市区乘汽车前往，可先看中途的育王寺。这寺亦是“五山”之一，与天童齐名。育王寺被四山环抱着，寺内有舍利殿和元代古塔，参天老树与红墙黄瓦相映成趣，景色不亚于天童。从育王寺出发，至天童大约有二十里山路，经过万松关后，景色更加清丽，苍山四合，水田纵横。来时正值插秧时节，男女成群，点缀其间，诚大有“相看好处无一言”之感。万松关是入天童寺山径的开始，经过一座小白岭。这岭在从前是天童道中最艰苦的一段山路，如今修了平坦的公路，乘着汽车从山间蜿蜒而上，山岭的镇蟒塔，时而在前，时而在后，一会儿又悄然远逝。这样在松林中走了一阵子，再经过天童镇，在万松林间迎面便是天童寺的山门了。寺外一池如镜，古木苍翠，境界幽绝，怡人心脾。这池名外万工池，沿池入内，见七塔横列，倒影在内万工池中，虚实互见，水天一色。而在数峰合抱中，山间的晓雾，树间的晨露，染得树木更葱翠欲滴，宛如一幅未干的水彩画图，秀润鲜丽，有使观者衣襟皆润的感觉。

入内为一大组的建筑群，便是天童寺了。中国的寺院在选地上是用过一番推敲的，它必安排在山间最高爽的地方，有良好的水源，无烈风寒日，具坐拥与顾盼山色之胜，隐而不露，遥看近无。及寺则豁然开朗，妙趣横溢。古人说天童：“群山抱一寺，一寺镇群山。”确将寺的形势概括殆尽了。寺由天王殿、佛殿、法堂、藏经阁、罗汉堂、奎焕楼、大斋堂等几百间房屋组成，依山筑屋，俨然有序，极庄严肃静的气氛。其间奎焕楼为迎宾之处，粉墙花影，尤具江南园林的特色。晨雾夕阳，造成了不同的山间景色，使游者各领其趣。山的最高峰名太白峰，是宁波附近的最高山岭。人们如沿山径登峰，可以经过玲珑岩、善才洞等名胜。这一路的风景更为宜人，峰回路转，岩危泉湍，下望脚下群山，如揖如拱，豆人寸屋，尽呈眼底。山间盛产松竹，如今已设立了森林局，进行植树造林。据调查所知，此地已有六百多种树木，将天童点缀得更为美丽了。

寺内藏经阁置有“钦赐”龙藏经全部，这是僧侣们的图书馆。我

★ 宁波天童寺

看见虔诚的和尚与信仰佛教的男女，安静地在那里阅读，城内的图书馆工作者还帮助着整理曝晒。今年春间，班禅额尔德尼·却吉坚赞曾远道来此礼佛多天，极一时之盛。寺内厨房中置放着一个直径二米半多、厚约五厘米的大铜锅，它可容一千五百斤米。铭上写着“大明崇祯辛巳十四年（1641年）仲冬重镌造”，算来已三百多年了。山间因多竹，笋味鲜美，这是不到山间不能享受到的风味。

我到过的许多名山古寺，当然各尽其妙，无可轩轾。但像天童能秀丽雄健两者兼有的，还是少见。

1962年8月

■ 宁波天童寺

■ 马鞍山采石矶李白纪念馆

螺出大江

从唐代李白咏采石矶华章，清代诗人黄仲则（景仁）太白楼赋诗，晚近文学家郁达夫的《采石矶》小说，到郭沫若的水调歌头，一千多年来，翠螺峰下的美丽景物，紧紧地与文学结合了起来，予人以不可磨灭的印象。换句话说，这里不仅仅山川信美，它早具备了一个有历史有文化的风景区。

采石矶在安徽马鞍山市，原名牛渚矶，因有金牛出渚的神话而得名。又传说在三国孙权赤乌年间，山上石矶院内的和尚汲水，从井中得采（彩）石，遂易名采石矶。牛渚山又名翠螺山，或翠螺峰。我们不论

马鞍山石矶园

叫它采石矶也好，翠螺峰也好，太白楼也好，采呀，翠呀，白呀，多么明洁的词汇，未见其景，已感清新，令人向往不已。可证名胜风景的命名是那么重要。

马鞍山太白楼

太白楼现为采石矶最著名的建筑，黄瓦重檐，翚飞于翠螺峰下，自来文人登楼，必赋诗记胜。最传诵一时的，要推清乾隆三十七年（1772年）少年诗人黄仲则所写《太白楼醉中作歌》了。后来文学家郁达夫以仲则自况，写了一篇著名的《采石矶》小说。我童年初识太白楼，是由这小说开始的。

这楼原名谪仙楼，始建于唐元和年间（806—820年），宋天圣间（1023—1032年）再修建。清初重建时改名太白楼，太平天国革命战争中楼毁，清光绪八年（1882年）建，即为今状。从建筑艺术角度来说，这楼的设计是有一定水平的，楼阁掩映，廊楯周接，上下通连，左右顾盼，虽然四围封闭，而其间宽绰开朗，大江远山，登楼尽入眼帘，在过去兼作统治阶级雅集吟咏之所，系一公共性建筑。

入门见楼，缀廊成院，楼三层，下层为厅堂式，二层为楼，三层为阁。游人穿厅堂有一天井，中置石级，缓步上阶至后殿，循左右廊可导至二层楼面，一反自楼本身上下之惯例。此天井部分甚紧凑，高下左右，空间悉可流通。此当地人在坡地建屋所创的处理手法，不但节约用地面积，且所产生的效果亦佳。楼四面邻虚，珠帘高卷，朝晖暮雨，云烟变幻，因时而异。过去嘉会皆在此层。由木梯上三层，龛供李白侧身

马鞍山翠螺山

卧泥塑像。此楼次间若干之柱非自地面通顶者，而置于二层大柱梁之上。南中楼阁时能见及。后殿左右，辟两院，各自成区，皆由石级升降。自太白楼俯视，群芳献媚；扶疏古树出粉墙之颠，峰峦隐现，移影木末，极空灵飘渺之思。“我要寻诗定是痴，诗来寻我却难辞”，是我登楼时的触景。如今后殿与西厅作为李白陈列室，供游客参观。可惜的是楼西新建餐室，不但形式过于新颖，体量亦大，殊不相称，感美中不足，似设计时对古建筑未能谦虚相待，不甘当配角所造成。

马鞍山采石矶临江楼

翠螺山周长十五华里，依江耸立。自采石镇渡牛渚桥入山，行翠螺坞中，古木参天，上不见日，清风徐来，绿云自动，隙处见数峰环抱，醒人疲躯，不信人在钢铁城市中，于此益信风景区与人关系之深了。蹊陡仄，万松中遥见千丈翠屏，即对景小九华山，筑亭名仰华。山径盘旋，渐行渐高，江面迎人，益觉辽阔。达顶为三元阁遗址，至此则大江东去，帆影山光，历历如画。下瞰西大凹，惊涛裂岸，为采石矶舟游险景。三元洞筑“危楼”，其旁山径若栈道，人临其境，浪可湿衣。山腰有蛾眉亭，因远眺东西梁山，宛如蛾眉而得名。亭内有元代李洞书《过采石江辞》石刻，极尽草书之妙。

其它有李白衣冠冢、赤乌井、燃犀亭、望壁台等，均为历史之陈迹，足资凭吊，有存一处之风光，犹可盘桓，宜其览者自得之。

北京大观园

恭
王府与大观园

今年是《红楼梦》作者曹雪芹二百周年逝世纪念。记得前年冬天，与王昆仑、何其芳诸同志在北京调查什刹海附近恭王府的情形，其间景物，至今犹历历在目。

谈到恭王府的建筑，在北京现存诸王府中，布置最精，且有大花园，从建筑的规模来谈，一向有传说它是大观园。恭王府的布局，与一般王府没有什么大的不同，不过内部装修特精，为北京旧建筑中所少见的，如锡晋斋（有疑为贾母所居之处），便可与故宫相颉颃了。花园中的蝠厅，平面如蝙蝠，故称“蝠厅”。居此厅中，自朝至暮皆有日照，可

■ 北京大观园秋爽斋

称是别具一格的园林厅事，而大戏厅则为可贵的戏剧史上的重要实例。[①] 恭王府的建筑共三路，可分为前后二部，前为王府部分，大厅已毁，二厅即正房所在，其西有一组建筑群，最后的一进，便是悬“天香庭院”的垂花门，由此进入锡晋斋。这是王府的精华所在，院宇宏大，廊庑周接。斋为大厅事，其内用装修分隔，洞房曲户，回环四合，确是一副大排场。再后为约一百六十米的长楼及库房，其置楼梯处，堆以木假山，则又是仅见之例。其后为花园的正中，是最饶山水之趣的地方。其东有一院，以短垣作围，翠竹丛生，而廊回室静，帘隐几净，多雅淡之趣。院北为戏厅。最后亘于北墙下，以山作屏者即“蝠厅”。西部有榆关、翠云岭、湖心亭诸胜。这些华堂丽屋，古树池石，都使我们游者勾起了红楼旧梦。有人认为恭王府是大观园的蓝本，在无确实考证前，没法下结论。目前大家的意见，还倾向说“大观园”是一个南北名园的综合，

---

① 俞同奎《伟大祖国的首都》恭王府花园条：“花园在恭王府后身，府系清乾隆时和珅之子丰绅殷德娶和孝因伦公主赐系。1799年（清嘉庆四年）和珅籍设，另给庆禧亲王为府第。约1851年（清咸丰间）改给恭亲王，并在府后添建花园。园中亭台楼阁，回廊曲榭，占地很广，布置也很有丘壑，私人园囿，尚不多见。”足证恭王府花园之建造年代。但据余实地勘查，府在乾隆前早有建筑，恭王府时所建园，当为今存云片石所叠假山与若干亭廊轩之属，未可一言概之，皆为后期所建。

★ 北京恭王府假山

★ 北京恭王府花园

★ 北京恭王府假山

除恭王府外，曹氏描绘景色时，对于苏州、扬州、南京等处的园林，有所借镜与掺入的地方，成为“艺术的概括”。苏州的一些园林，曹氏自幼即耳濡目染。扬州是雪芹祖父曹寅官两淮盐运使的地方，今日大门尚存，从结构来看，还是乾隆时旧物。南京呢?曹氏世代为江宁织造，有人考证说大观园即隋园，亦似有其据。另外旧江宁织造署内尚悬有红楼一角的匾，或者也与红楼梦有些关系。

★ 北京恭王府花园立峰

北京本多私家园林，以曹氏之显宦，曹雪芹不是见不到的。当时大学士明珠（纳兰性德之父）府第，在什刹海附近，亦是名园之一。曹家与纳兰家有往还，是应该没有问题的。叶恭绰先生跋张纯修（见阳）《楝亭（曹寅）夜话图咏》（纳兰性德殁后，曹寅与施世纶及张纯修话性德旧事）：“《红楼梦》一书，世颇传为记纳兰家事，又有谓曹氏自述者，此时顿令两家发生联系，亦言红学者所宜知也。”图中楝亭自题诗云：“家家争唱饮水词，那拉心事几人知，布袍廓落任安在，说向名场此一时。”又云：“而今触绪伤怀抱”（与集载句有出入）。又纳兰性德“随驾南巡”，寓曹氏家衙。雪芹为《红楼梦》，虽自叙家世，亦必借材纳兰。如纳兰为侍卫，宝房中有弓矢；在纳兰词中，宝钗、红楼、怡红诸字屡见。又有和湘真词，似即红楼之潇湘妃子。那末雪芹在描写大观园景物时，对当时明珠府第安有不见之理，而不笔之于文的呢?今日有人建议以恭王府为曹雪芹纪念馆，用来纪念这一位历史上的大文学家，如能实现，也算得一件令人欣慰的事。（参看拙作《恭王府小记》。载《红楼梦学刊》第二辑）

1963 年 11 月

★ 清代北京怡园图

园图

浙江博物馆藏清焦秉贞画《怡园图》绢本巨幅①，为清初北京园林之珍贵资料，究园史者亟宜重视之。

怡园为清康熙间大学士宛平王熙之园，其父王崇简官礼部尚书，著《青箱堂集》。园为清初北京名园，文人题咏之盛②，见于各家集中，《藤阴杂记》所谓“……宾朋觞咏之盛，诸名家诗几充栋”可证。而张灯③一事，则更为谈赏园者所乐道，至乾隆间袁枚尚有诗及之④。

园在北京宣武门外米市胡同，跨连烂面诸胡同，极宏敞富丽（见《水曹清暇录》)。《宸垣识略》谓七间楼在东横街南半截胡同口，即怡园

① 《怡园图》绢本设色高94.5厘米、横161厘米。幅上附诗档纸本，高57.6厘米、横161厘米。画题款为“济宁焦秉贞敬绘”。诗档黄元治题词《怡园图诗》有叙：“怡园主人惟好静，温厚敦诚，不苟言笑，不妄通宾客，日惟览古博物，游心太始，凡经、史、鼎、彝、琴、尊、翰、墨，无不环列杂陈，遂使签轴浮馨，金石流韵，已复耽情山水，寄意禽鱼，叠石凿池，莳花种竹，随地之高低广狭，布亭台、构楼阁，或冠云林之上，或托松石之间，层梯纡磴，步步幽回，游者入其中，如历武夸九曲，而不能尽其奇，当春花烂漫，夏荫绸缪，銎震秋涛，严冬雪时，则焚香展帙，坐石挥弦，莺送好音，鹤舒啸舞，游鱼出没，明月依人，觉天地与胸次相为浩浩，无所凝滞，斯诚怡然有以自得，而不能举似以语人也。元治昔忝末属，得许临观，幸遇东平河间之贤，宜献邹阳枚乘之赋，顾乃抽毫乏思，授简怀惭，披对景光，负兹佳胜，然丹青之士既图之矣，治又安可以无纪也哉!爰叙幽赏，缀以鄙言，引绪发端，仅写万一，而扬风推雅，即以俟之君子云。高天风撼碧林重，不尽长松尽似冬，听久忽凝船里坐，沧江万里吼蛟龙。（听涛轩） 盘屈孤松化作虬，苍髯翠爪近池头，有时吞吐银潢水，洒落林端雨一楼。（翠虬坞） 窗衔虚白启清晨，坐对朝暾漱玉津，欲问千年颜可驻，丹霞片片日熏人。（饮霞阁） 曲曲红桥水一湾，左连虚阁右连山，山南台榭参差路，人到层霄紫翠间。（引胜桥） 春泉随地喷清池，正是桃花满放时，落涧红英流出洞，游鱼吞影弄涟漪。（桃花石间） 孤峰秀出斗南尊，翼翼虚亭倚石根，曾记泰山山下路，云亭高仰一天门。（仰亭） 西山移得一峰青，特为楼南作翠屏，拔地已知盘石固，倚天气骨复空灵。（南屏） 山根奥涧似螺旋，石乳累累玉倒悬，风雨不来云自吐，顶开一隙漏青天。（嘘云洞） 临流怪石宛苍鹰，思濯天池奋羽腾，不为人间轻搏击，崇冈立处自威棱。（鹰岛） 引来泉脉地中鸣，沸涌亭心作雨声，溜銎穿崖千尺雪，又疑趵突一渠清。（响泉亭） 石壁藤萝绿四围，檐端高挂苑成帏，最宜炎夏连垂柳，褰取西窗障夕晖。（褰萝阁） 春水天河注一洼，曲如半璧净无瑕，萦萦荇藻青沈底，放出金鳞吸日华。（碧璜沼） 满地新水木兰桡，极似青凫泛海潮，借作仙槎浮汉去，不愁无路上青霄。（凫舟） 绿水斜通沼北隅，便乘春雨种芙蕖，秋来结子房房满，更助杯香是露珠。（藕塘） 凭高处处旷观瞻，迢递林峦暮卷帘，山底瑶池池底月，金波荡漾晃楼檐。（月波楼） 一堂画史古香多，绕座山光影碧波，岂但华林濠濮想，真如沧海浩包罗。（涵碧堂） 商飙初起叶初乾，山挂林梢拄颊看，西爽朝来秋色霁，一山丛桂露溥溥。（致爽轩） 黄鸟嘤嘤春出溪，偏能选树与天齐，繁红密绿寻常事，惟遇知音不住啼。（莺林） 飞来海鹤本凌云，岁岁将雏自一群，不向时人夸妙舞，清音惟许上天闻。（鹤圃） 上下楼台敞碧虚，中藏彝鼎见皇初，焚香每日勤清课，一曲瑶琴一卷书。（古获斋） 最高楼出碧烟岚，尺五云霄白日南，延得清晖天影阔，半边星斗一窗函。（丽晖楼） 平台空阔草全芟，半种青松半种杉，月到中天留不去，玉笙吹向翠微岩。（松月台） 云敛烟沉叠嶂开，披襟坐对兴悠哉，分明南岳当楼起，七十峰峦拥翠来。（叠翠楼） 千章木蔽远山岭，亭比林高更一寻，坐辨树经霜雪后，青青独许岁寒心。（木末亭） 太湖移到石玲珑，嶰谷分来竹一丛，碧玉裁为丹凤管，临风吹入舜琴中。（竹山与） 独爱园中夏日长，林林古树罩西廊，秾阴结作重云色，不待秋风榻已凉。（凉云馆） 时康熙三十有七年岁次戊寅春正月望后十日书于怡园之南轩，新安黄元治。”康熙三十七年为1698年。元治字涵斋。引首章为“桃源书屋”。

② 朱彝尊《曝书亭集》卷十：“王尚书招同陆元辅、邓汉仪、毛奇龄、陈维崧、周之道、李良年、诸征士宴集怡园，周览亭阁之胜率赋六首：‘北斗依城近，南陔选地偏。彩衣逢暇日，珠履托群贤。山拥墙初亚，林疏径屡穿。身随沙际鹤，饮啄到平泉’。‘石自吴人垒，梯悬汉栈牢。白榆星历历，苍藓路高高。宛得栖林趣，浑忘步屧劳。下山无定所，随意各分曹。’‘涧白泉初徙，篱金菊已枯。夕曛含略彴，乱石点樗蒲。密坐千人许，迷途八阵俱。不因爨烟细，何处觅行厨。’‘风磴双亭外，疏藤蔓十寻。龙蛇寒自蛰，鸟雀暮长吟。待结千花坠，应同万柳深。隔林催未起，独坐想浓阴。’‘屦满西南户，堂临上下涧。落成凡几日，胜引喜先陪。监史新图格，壶觞旧酦醅。谢公能睹墅，会见捷书来。’‘小阁檐端起，虚窗树杪凭。勿惊黄屋近，更绕翠微层。九日今年悔，诸公逸兴能。尚书期可再，雪后转须登。’”在当时诸作中以此最为传诵。

③ 王崇简《青箱堂集·正月十六夜儿熙张灯怡园待饮诗》：“闲园暮霭映帘栊，秉烛游览与众同。月上空明穿径白，烛悬高下满林红。承欢春酒烟霞窟，逐队银花鼓吹中。共羡风光今岁好，升平惟愿祝年丰。”

④ 袁枚《小仓山房诗集》卷十五《随园张灯词》：“‘谁倚银屏坐首筵，三朝白发老神仙。（熊涤斋太史）道看羊侃金花烛，此景依稀六十年。’（太史云年十五时，举京兆；宴宛平相公怡园见张灯相似，今重赴鹿鸣矣。）”

也，康熙中大学士王熙别业，相传为严分宜（嵩）别墅。又曰：青箱堂在米市胡同关帝庙北，其园址可考者若此。怡园盛况，详见诗文。至康熙末期，已非全盛（见查查浦及汤西厓诗）。至乾隆戊午三年（1738年），园已毁废数年。此后房屋拆卖殆尽，尚存奇石老树，其席宠堂"曲江风度"赐匾委之荒榛中，今空地悉盖官房（见汪文端《感宛平酒器诗注》）。其东米市胡同者，已归胡云坡少寇季堂，开地重建（见《水曹清暇录》）。

《怡园图》所示"怡园"景物，其主要建筑临水筑二楼，皆三间，正中者其后又有院落，主楼殆即所谓七间楼耶?楼以复廊周接，皆二层交通。池南有榭、亭。曲桥近两岸，不分割水面，水聚而广。其布局犹沿明园格局，此区以楼突出也。西部二跨院俱平屋。假山分峰用石。园多松柳，苍劲与婀娜相映成趣，极刚柔对比之变。其旁为大学士冯溥万柳堂，故园以多柳出之。张然曾为冯作《万柳堂图》，并构其园。

怡园是康熙间名叠山家张然的作品。王士祯《居易录》："怡园水石之妙，有若天然，华亭（松江）张然所造。然字陶庵，其父号南垣（张涟），以意创为假山，以营丘、北苑、大痴、黄鹤画法为之，峰壑湍濑，曲折平远，经营惨淡，巧夺画工。"《茶余客话》："华亭张涟能以意叠石为假山，子然继之，游京师，如瀛台、玉泉、畅春苑，皆其所布置。王宛平怡园，亦然所作。"同时王崇简《青箱堂集》中，亦明言为张然所为。陆燕喆《张陶庵传》："陶庵，云间（松江）人，寓檇李（嘉兴）。其先南垣先生，擅一技，取山而假之。其假者遍大江南北，有名公卿间，人见之不问而知张氏之山也。"但是父子二人在技术上互相颉颃，实难分上下。"往年南垣先生偕陶庵为山于席氏之东园（席本祯东园），南垣治其高而大者，陶庵治其卑而小者。其高而大者，若公孙大娘之舞剑也，若老杜之诗，磅礴浏漓，而拔起千寻也；其卑而小者，若王摩诘之辋川，若裴晋公之舞桥庄，若韩平原之竹篱茅舍也。其高者与卑者，大者与小者，或面或背，或行或止，或飞或舞，若天台、峨嵋，山阴、武夷。余虽不知其处，而心识其所以然也。"（《张陶庵传》）以平淡胜高峻，以卑小衬宏大，张然之技既烘托乃父之作，且自出蹊径，宜其有跨灶之才。

张涟去世后，张然一度以其术独鸣于东山（洞庭东山）。"其所假有延陵之石，有高阳之石，有安定之石。延陵之石秀以奇，高阳之石朴以雅，安定之石苍以幽，折以肆。陶庵所假不止此，虽一弓之庐，一拳之龛，人人欲得陶庵而山之。居山中者，几忘东山之为山，而吾山之非山也。”(《张陶庵传》)案延陵为吴时雅依绿园，高阳为许氏园，至清中叶改为副将署，安定为席本桢东园。皆清初东山名园，其所叠山可以乱真，技有至于此。怡园为城市园，与东山之山林园有别。且东山诸园有佳太湖石可致，怡园则以京郊土太湖叠之，而黄石量少，所叠者唯偏院一区，但两处各自成峰，别具丘壑，互不干扰，皆能体现出石之性能。而最重一端即于拼镶纹理之道，技至乎神，难分真假。斯理言之极简，奈行之又极难，甚至叠石终身始明其理者颇有之。张氏后人虽继其业，号称山子张，然已邈难得其先人之术。抑祖宗虽圣，无补子孙之童昏耶？

图作者焦秉贞，山东济宁人。为钦天监五官正，工西洋画法，绘人物，作耕织田家风景，曲尽其致。康熙中祗候内廷，诏谓《耕织图》四十六幅称旨，其为王熙作《怡园图》，绝无疑义。图上附“诗档”，为王元治所题，书于怡园之南轩。

南京瞻园重修于乾隆间。袁江所绘为当时之景。两园同为市园，而有南北之殊也。

■ 南京瞻园

★ 清代南京随园图

随园图

曩岁我于上海朵云轩书画社发现此《随园图》手卷，欣然为同济大学购藏。匆匆二十余年，未及考订，旋为卞君孝萱见之，先我作介绍。但图未与读者见面，且于论造园艺术一端复未涉及，爰就管见所及试谈随园。

《随园图》卷绢本，长 173.4 厘米，高 49 厘米，无款，图末盖“汪荣之印”。卷后附管镛书《随园五记》，纸本。以该卷绢质笔意及设色而论，与管镛之效王梦楼（文治）书体，是属乾隆时之作无疑。

汪荣为园主袁枚同时人。案清嘉庆《重刊江宁府志卷四十三 · 人

物·技艺》:“汪荣,字欣木,六合县增生。工画,烟云变幻,颇得二米之法。曹秀先督学江苏,以《深山藏古寺》题试诸生之善画者,以荣为冠。兼工写生。”光绪《重修六合县志卷八·附录·方技》所述相同。曹秀先于乾隆三十一年(1766年)至三十三年(1768年)为江苏学政。

管镛字西雍,号桂庵、退庵、澂斋,为袁枚弟子。《墨香居画识》卷十载:“管镛字退庵,上元岁贡生……丁卯春日,曾访之于城北双石鼓,而不知其能画。近于朱炼师乐园肩头见其写梅花一枝,精妙绝伦,题句书法亦工,几令人摩挲不忍置。”丁卯为嘉庆十二年(1807年)。管镛书随园五记后,跋云:“随园夫子居随园四十余年矣。名家五为之图,先生六为之记,皆足以传世而宝贵者也。乾隆辛亥年七月,桂庵管镛书并识。”辛亥为乾隆五十六年(1791年),袁枚于乾隆十三年(1748年)得随园,次年乞病园居,凡四十余年(见《随园诗话》卷五及《随园后记》),与此跋相符。汪荣作图亦正同时,袁枚自己也说“增荣饰观,迥非从前光景。”(《随园诗话》卷五)这是随园全盛时期。

《随园图》卷据袁祖志《随园琐记》,知有五图,计沈凤(凡民、补梦)、罗聘(两峰)、张栋(看云)、项穆之(莘甫)及王霖(春波)、袁树(香亭)等六家。图失于同治间,袁起绘《随园续图》,系出于追忆。其他散见于他书者如《鸿雪因缘图记》有之,亦非园之全貌。

此卷所示随园殊具体,其画非一般写意山水,与《随园记》、随园诗文及后人笔记一一相符,洵难得之园图也。

袁枚字子才，号简斋，浙江杭州人。清代大文学家、诗人，长期居南京小仓山随园中，人称随园先生。

随园本名隋园，为雍正间江宁织造隋赫德之园。袁枚于乾隆十三年购入重建，为江南名园之一，且有讹传为红楼梦大观园者。

《水窗春呓》卷下："江宁滨临大江，气象开阔宏丽。北城林麓幽秀，古迹尤多。""金陵城北冈岭蜿蜒，林木滃翳，至为幽秀。最著名者随园陶谷，陶即贞白隐居之所而卜宅，非其人无甚足观。随园乃深谷中依山庢而建坡陀，上下悉出天然。谷有流水，为湖，为桥，为亭，为舫。正屋数十楹在最高处，如嵰山红雪、琉璃世界、小眠斋、金石斋群玉头、小苍山房，玲珑宛转，极水明木瑟之致，一榻一几皆具逸趣。余曾于春时下榻其中旬日，莺声掠窗，鹤影在岫，万花竞放，众绿环生，觉当日此老清福，同时文人真不及也。下有牡丹厅，甚宏敞。园门之外无垣墙，惟修竹万竿，一碧如海，过客杳不知中有如许台榭也。"写随园之景，楚楚有致，极为倾人。

园为郊园，居小苍山之麓，无墙垣，有门可识，实则负山环水，有天然之障。而"诸景隆然上浮，凡江湖之大，云烟之变，非山之所有者，皆山之所有也"（《随园记》）。园外之景顾盼而拥焉，此随园选地之佳妙。袁枚虽非造园家，其于造园之学，标园林之道与学问通，甚有见地（说见《随园三记》）。他以其文学创作的方法，运用到造园中来，提出了"不用形家言，而筑毁如意，变隙地为水为竹，而人不知其不能屋，疏窗而高基，纳远景而人疑其无所穷。以短护长，以疏彰密……"（《随园三记》）的布置方法。而此卷皆能体现出来。汪荣将园外之景、翠黛横抹、塔影入池（永庆寺塔）及小桥村居，皆一一入图，占全卷三分之一，亦此园作者与此卷作者之用心处。

"因地制宜"，自来名园皆能体现之。袁枚虽非造园家，然能曲尽其意。《随园记》之论，足为今日构园之借鉴："随其高为置江楼，随其下为置溪亭，随其夹涧为之桥，随其湍流为之舟，随其地之隆中而欹侧也为缀峰岫，随其蓊郁而旷也为设宧窔，或扶而起之，或挤而止之，皆随其丰杀繁瘠，就势取景，而莫之夭阏者，故仍名曰随园。"《随园记》文拈出一个"随"字与"就势取景"一语，园之设计指导思想在此。实非园记，而造园之法，存乎其间。袁枚说诗讲"性灵"，造园主"得势"，以“随”字来概括之，此所谓立意在先者。

前人筑园类皆喜购旧园而重葺之，以其多古木。新构者必千方百计以求之，得之破墙而入。随园古松亦毁门进之，故有《毁门进古松》之诗，足征古木在园林中之地位。而“缀石分标致，张灯自剪裁”，其重视树石之配置，修剪之入画，用心良苦，非一般不解园学之主人可比。

此园之特征，建筑多楼，亭榭面水，而游廊周接，各自成区，因系山麓园，不必叠山，庭院唯点石而已，符园林叠山、庭院点石之旨。随园《造假山》诗“高低曲折随人意，好处多从假字来”，亦标出一个“随”字。而廊以诗笺为饰，以代诗条石，亦别出一格，《诗城诗》序言：“余山居五十年，四方投赠之章，几至万首，梓其尤者，其底本及余诗无安置所，乃造长廊百余尺而尽糊之壁间，号曰诗城。”足证是园除景物可观外，尚多文化之可欣赏。

园既为郊园，力符自然之势。其分区亦存内外之别，内则居室，外则园林。其树木布置，以竹为基调；而厅前牡丹；小院桐荫、桂丛；夹岸垂杨。乔木则古松、银杏点缀山间，清新柔美间有苍古之意。以整体而论，境界自与苏南诸园有异。其利用自然山水，成就为大。其居屋配置，亭廊水榭之属，颇近杭州西湖之山庄，故袁枚自云：“余离西湖三十年，不能无首邱之思，每治园戏仿其意。”（《随园五记》）此固为是园之特色，但另一方面不无做作之处。且我国造园自明迄清，至乾隆为一转折点，正如其他建筑一样。盖其时物力充沛，建屋务高峻，山求宏大，故袁枚诗有“造楼不嫌高，开池不嫌多”句。随园之楼过高，在当时便有人评论过（见《六月十四日尹宫保过随园》注云：“公嫌门小楼高”）。而水亭之采用方胜双亭式，则为新例，及今唯太仓亦园存此一端。

袁枚于假山施工，有诗咏之，实为有助于治叠石史料，《假山成》：“……初将地形参，继用粉本写，高低旨随人，其妙转在假……五岳走家中，一拳始腕下。……”足证当时叠山先相地，后绘图，在叠置中随宜调整。及至今日犹沿用之。

此园在造园史中，与扬州乔氏《东园图》卷（袁江绘）同属郊园之实例。两者基地不同，有山林地与郊野地之分，虽同为郊园而景自异，但其价值则无可轩轾，为治园史者所必究者。

苏州拙政园

建筑中的“借景”问题

“借景”在园林设计中，占着极重要的位置，不但设计园林要留心这一点，就是城市规划、居住建筑、公共建筑等设计，亦与它分不开。有些设计成功的园林，人入其中，翘首四顾，顿觉心旷神怡，妙处难言，一经分析，主要还是在于能巧妙地运用了“借景”的方法。这个方法，在我国古代造园中早已自发地应用了，直到明末崇祯年间，计成在他所著的《园冶》一书上总结了出来。他说：“园林巧于因借。”“构园无格，借景在因。”“因者随基势高下，体形之端正，碍木删桠，泉流石注，互相借资，宜亭斯亭，宜榭斯榭，不妨偏径，顿置婉转，斯谓精而合宜者也。借者园虽别内外，得景无拘远近，晴峦耸秀，绀宇凌空，极目所至，俗者屏之，嘉者收之，不分町畽，尽为烟景，斯所谓巧而得体者也。”“萧寺可以卜邻，梵音到耳，远峰偏宜借景，秀色可餐。”“夫借景者也，如远借、邻借、仰借、俯借、应时而借”等。清初李渔《一家言》也说“借景在因”。这些话给我们后代造园者，提出了一个很重要的原则。如今就管见所及来谈谈这个问题，不妥之处，尚请读者指正。

“景”既云“借”，当然其物不在我而在他，即化他人之物为我物，巧妙地吸收到自己的园中，增加了园林的景色。初期“借景”，大都利用天然山水。如晋代陶诗中的“采菊东篱下，悠然见南山。”其妙处在一“见”字，盖从有意无意中借得之，极自然与潇洒的情致。唐代王维有辋川别业，他说：“余别业在辋川山谷”。同时的白居易草堂，亦在匡庐山中。清代钱泳《履园丛话·芜湖长春园》条说，该园“赭山当牖，潭水萦洄，塔影钟声，不暇应接。”皆能看出他们在园林中所欲借的景色是什么了。“借景”比较具体的，正如北宋李格非《洛阳名园记·上环溪》条所描写的：“以南望，则嵩高少室龙门大谷，层峰翠巘，毕效奇于前。”“以北望，则隋唐宫阙楼殿，千门万户，岧峣璀璨，延亘十余里，凡左太冲十余年极力而赋者，可瞥目而尽也。”《水北胡氏园》条：“如其台四望尽百余里，而萦伊缭洛乎其间，林木荟蔚，烟云掩映，高楼曲榭，时隐时见，使画工极思不可图，而名之曰玩月台。”明人徐宏祖（霞客）《滇游日记·游罗园》条：“建一亭于外池南岸，北向临池，隔池则龙泉寺之殿阁参差。冈上浮屠倒影波心，其地较九龙池愈高，而陂池罨映，泉源沸漾，为更奇也。”这些都是在选择造园地点时，事先作过精密的选择，即我们所谓“大处着眼”。像这种“借景”的方法，要算佛寺地点的处理最为到家。寺址十之八九处于山麓，前绕清溪，环顾四望，群山若拱，位置不但幽静，风力亦是最小，且藏而不露。至于山岚翠色，移置窗前，特其余事了，诚习佛最好的地方。正是“我见青山多妩媚，料青山见我亦如是”。例如常熟兴福寺，虞山低小，然该寺所处的地点，不啻在崇山峻岭环抱之中。至于其内部，“曲径通幽处，禅房花木深”，复令人向往不已了。天台山国清寺、杭州灵隐寺、宁波天童寺等，都是如出一辙，其实例与记载不胜枚举。今日每见极好的风景区，对于建筑物的安排，很少在“借景”上用功夫，即本身建筑之所处亦不顾因地制宜，或踞山巅，或满山布屋，破坏了本区风景，更遑论他处“借景”，实在是值得考虑的事。

园林建筑首在因地制宜，计成所云“妙在因借”。当然“借景”亦因地不同，在运用上有所异，可是妙手能化平淡为神奇，反之即有极佳可借之景，亦等秋波枉送，视若无睹。试以江南园林而论，常熟诸园什九采用平冈小丘，以虞山为借景，纳园外景物于园内。无锡惠山寄畅园其法相同。北京颐和园内谐趣园即仿后者而筑，设计时在同一原则下以水及平冈曲岸为主，最重要的是利用万寿山为“借景”。于此方信古人即使摹拟，亦从大处着眼，掌握其基本精神入手。至于杭州、扬州、南京诸园，又各因山因水而异其布局与“借景”，松江、苏州、常熟、嘉兴诸园，更有“借景”园外塔影的。正如钱泳所说：“造园如作诗文，必使曲折有法”，是各尽其妙的了。

明人徐宏祖（霞客）《滇游日记》云：“北邻花红正熟，枝压南墙，红艳可爱……”以及宋人“春色满园关不住，一枝红杏出墙来”等句，是多么富于诗意的小园“借景”。这北邻的花红与一枝出墙的红杏，它给隔院人家起了多少美的境界。《园冶》又说：“若对邻氏之花，机分消息，可以招呼，收春无尽。”于此可知“借景”可以大，也可以小。计成不是说“远借”、“邻借”么?清人沈三白《浮生六记》上说：“此处仰视峰巅，俯视园林，既旷且幽。”又是俯仰之间都有佳景。过去诗人画家虽结屋三椽，对“借景”一道，却不随意轻抛的，如“倚山为墙，临水为渠。”我觉得现在的居住区域，人家与人家之间，不妨结合实用以短垣或篱落相间，间列漏窗，垂以藤萝，“隔篱呼取”，“借景”邻宅，别饶清趣，较之一览无余，门户相对，似乎应该好一点罢。至于清代厉鹗《东城杂记·杭州半山园》条：“半山当庾园之半，两园相距才隔一巷耳。若登庾园北楼望之，林光岩翠，袭人襟带间，而鸟语花香，固已引人入胜。其东为华藏寺，每当黄昏人静之后，五更鸡唱之先，水韵松声，亦时与断鼓零钟相答响。”则又是一番境界了。

苏州园林大部分为封闭性，园外无可“借景”，因此园内尽量采用“对景”的办法。其实“对景”与“借景”却是一回事，“借景”即园外的“对景”。比如拙政园内的枇杷园，月门正对雪香云蔚亭，我们称之谓该处极好的对景。实则雪香云蔚亭一带，如单独对枇杷园而论，是该小院佳妙的“借景”。绣绮亭在小山之上，紧倚枇杷园，登亭可以俯视短垣内整个小院，远眺可极目见山楼。这是一种小范围内做到左右前后高低互借的办法。玉兰堂及海棠春坞前的小院“借景”大园，又是能于小处见大，处境空灵的一种了；而“宜两亭”则更明言互相“借景”了。

我们今日设计园林，对于优良传统手法之一的“借景”，当然要继承并且扩大应用的，可是有些设计者往往专从园林本身平面布局的图纸上推敲，缺少到现场作实地详细的踏勘，对于借景一点，就难免会忽略过去。譬如上海高楼大厦较多，假山布置偶一不当，便不能有山林之感，两者对比之下，给人们的感觉就极不协调；假如真的要以高楼为“借景”的话，那末在设计时又须另作一番研究了。苏州马医科巷楼园，园位于土阜上，登阜四望无景可借，于是多面筑屋以蔽之。正如《园冶》所说，“俗者屏之，佳者收之”的办法。沪西中山公园在这一点上，似乎较他园略高一筹，设计时在如何与市嚣隔绝上，用了一些办法。我们登其东南角土阜，极目远望，不见园外房屋，尽量避免不能借的景物，然后园内凿池垒石，方才可使游人如入山林。上海西郊公园占地较广，我以为不宜堆叠高山，因四周或远或近尚多高楼建筑。将来扩建时，如能以附近原有水塘加以组织联系，杂以蒹葭，则游人荡舟其中，仿佛迷离烟水，如入杭州西溪。园林水面一旦广阔，其效果除发挥水在园林中应有的美景外，减少尘灰实是又一重要因素。故北京圆明园、三海等莫不有辽阔的水面，并利用水的倒影、林木及建筑物，得能虚实互见，这是更为动人的“对景”了。明代《袁小修日记》云：“与宛陵吴师每同赴米友石海淀园，京师为园，所艰者水耳。此处独绕水，楼阁皆凌水，一如画舫，莲花最盛，芳艳消魂，有楼，可望西山秀色。”米万钟诗云：“更喜高楼（案指翠葆榭）明月夜，悠然把酒对西山。”此处不但形容与说明了水在该园林中的作用，更描写了该园与颐和园一样的“借景”西山。

园林“借景”各有特色，不能强不同以为同。热河避暑山庄以环山及八大庙建筑为“借景”。南京玄武湖则以南京城与钟山为“借景”，而最突出的就是沿湖城垣的倒影，使人一望而知这是玄武湖。如今沿城筑堤，又复去了女墙，原来美妙的倒影，已不复可见了。西湖有南北二峰，湖中间以苏白二堤为其特色，而保俶、雷峰两塔的倒影，是最足使游人流连而不忘的一个突出景象。北京北海的琼华岛，颐和园的万寿山及远处的西山，又为这三处的特色。他若扬州的瘦西湖，我们若坐钓鱼台，从圆拱门中望莲花桥（五亭桥），从方砖框中望白塔，不但使人觉得这处应用了极佳的"对景"，而且最充分地表明了这是瘦西湖。如今对大规模的园林，往往在设计时忽略了各处特色，强以西湖为标准，不顾因地制宜的原则，这又有什么意义可谈。颐和园亦强拟西湖，虽然相同中亦寓有不同，然游过西湖者到此，总不免有仿造风景之感。

我们祖先对"借景"的应用，不仅在造园方面，而且在城市地区的选择上，除政治经济军事等其他因素外，对于城郭外山水的因借，亦是经过十分慎重的考虑的，因为广大人民所居住的区域，谁都想有一个好的环境。《袁小修日记》："沿村山水清丽，人家第宅枕山中，危楼跨水，高阁依云，松篁夹路。"像这样的环境，怎不令人为之神往。清代姚鼐《登泰山记》所描写的泰安城："望晚日照城郭，汶水徂徕如画，而半山居雾若带然。"这种山麓城市的境界，又何等光景呢?是种实例甚多，如广西桂林城，陕西华阴城等，举此略见一斑。至于陵墓地点的选择，虽名为风水所关，然揆之事实，又何独不在"借景"上用过一番思考。试以南京明孝陵与中山陵作比较，前者根据钟山天然地势，逶迤曲折的墓道通到方城（墓地）。我们立方城之上，环顾山势如抱，隔江远山若屏，俯视宫城如在眼底，朔风虽烈，此处独无。故当年朱元璋迁灵谷寺而定孝陵于此，是有其道理的。反之中山陵远望则显，露而不藏，祭殿高耸势若危楼，就其地四望，又觉空而不敛，借景无从，只有崇宏庄严之气势，而无幽深邈远之景象，盛夏严冬，徒苦登临者。二者相比，身临其境者都能感觉得到的。再看北京昌平的明十三陵，乃以天寿山为背景，群山环抱，其地势之选择亦有其独到的地方。至于宫殿，若秦阿房宫之复压三百余里，唐大明宫之面对终南山，南宋宫殿之襟带江（钱塘江）湖（西湖），在借景上都是经过一番研究的，直到今天还值得我们参考。

总之，"借景"是一个设计上的原则，而在应用上还是需要根据不同的具体情况，因地因时而有所异。设计的人须从审美的角度加以灵活应用，不但单独的建筑物须加以考虑，即建筑物与建筑物之间，建筑物与环境之间，都须经过一番思考与研究。如此，则在整体观念上必然会进一步得到提高，而对居住者美感上的要求，更会进一步得到满足了。

1958 年

★ 清代扬州名胜图

■ 武义芳华园枯木逢春

谈古建筑的绿化

建国以来，党和政府对古代建筑作了大规模的修复与保养工作，许多古建筑都已经实现了绿化。但是在古建筑周围或古建筑群内部进行绿化，与一般的道路绿化或田野绿化等，自有其不同的要求和特点。现在就个人所见提出来与大家讨论。

绿化古建筑应以建筑物为主体，绿化是陪衬，也就是用树木花草将古建筑烘托得更美丽。古建筑在选择树种时，对建筑本来是庄严的殿堂，还是轻快的楼阁，也要预先加以研究。已有绿化基础的古建筑，往往存有老树，这是与古建筑一样不可多得的东西，同样具有文物价值，在古建筑修理工程中，应注意保护。最好先将外露的根部加土，树身空处补好，不使雨水侵入而继续腐烂，枯枝加以修剪。树身下部要加木栅围起来，免得施工中受损伤（至于石灰、柏油等更不能堆置根上）。完工后再把木栅拆去，按原来绿化情况将其它空白处补植。

有许多古建筑，原来曾种植过树木，如果已经不在，仍须补植。在设计时，除研究原来绿化情况以供参考外，还不能单从绿化一方面来考虑问题，必须注意到树木成长后的大小体形与建筑物的配合问题，也不能宾主倒置掩盖了古建筑。比如北海团城因范围较小，承光殿本身有抱厦，外观多变化，松柏用小组种植的办法，根部用树池组合成若干单位，散而有合，密中见疏，在设计方面有高度的成就。在主要建筑物承光殿前，留出若干空地，树木不但没有妨碍建筑物的立面，反而在四周烘托了它。如果是大组的建筑群，我以为除在建筑群内绿化外，建筑群四周如有空地能多植些丛树，也会得到很好的效果。至于墓道上的绿化，以高大的常绿树为最好，最好植在石刻的后面，将石刻陪衬得更鲜明。切不可在石刻之间植树，这样不但破坏了石刻的成组排列关系，并且比例上也不好看，又阻挡了直望的视线。

在建筑前植树，首先要考虑它前面的空地面积，以及游客的活动地区，然后因地制宜地加以栽植。照以往的一些先例来说，不出规则的与不规则的。前者从谨严出发，后者自灵活入手，根据古建筑的不同外观安排，比如北京的太庙与北海团城就是两个好例子。但是无论规则的与不规则的，种乔木总以不靠近建筑为宜。因为树枝向四周发育，容易损坏建筑物，且阴翳过甚，建筑物内部太暗，其根部蔓伸也影响古建筑的基础。月台上尤不宜植树，不如用盆花布置为好。

对于树形的选择，首先要考虑到建筑物的外观。我国古建筑十之八九的屋角起翘，外观庄严，平面又多均衡对称，因此宜用硕大的乔木，而水阁游廊则配以榆、柳、芭蕉等。不同地区也有不同的树木，如华北多用常绿的松柏，华中多用银杏、香樟，华南多用榕树，这些树木的形体基本上能与建筑物配合起来，充分表现出地方的风格。树的高度与修剪也是要注意的问题。从以往的一些实例来看，大都是下部剪去，使人视线穿过能看到建筑物。树的上部应不使太密，留下许多美丽的虬枝，枝与枝之间有相当空间，这样使树木上部重量不致太大，大风时可减少阻力，对树木本身保护上也有一些作用。一些落叶树向上发育太高时，可以根据具体情况酌予抽枝修剪或适当修低，但要注意修剪后的姿态。

树的外形既如上述，树叶的形态与颜色也要留心。在选择同一种树类时，比较容易统一，如果几种同植，在叶形上要选择比较接近的，最忌小叶与大叶相间，阔叶与针叶杂处。在色彩方面，北方蓝天白云的日子多，古建筑黄瓦红墙，多数用松柏及白皮松，对比性很强；酌量用一些槐榆，也觉高直雄健，翠盖满院。南方枫树到深秋变色，衬在灰色屋面与粉墙晴空下，颜色很是醒目。银杏与樟树在江南古建筑的绿化上，尤为常见，不过前者成长速度慢，后者不便移植，是美中不足的地方。中型的古建筑，栽植一些花树如桂花、玉兰、茶花、丁香等，花时满院幽香；或间植中国梧桐与盘槐，亦觉青葱可爱。小型古建筑的庭院，用牡丹台及安置一些湖石、修竹、天竹等，亦无不可。花的颜色，要考虑到与建筑物颜色的调和及对比，一般在粉墙下用有色的花，在髹漆的古建筑前用淡色的花，这样绚烂夺目，雅淡宜人，游者一望便见。院子小不宜多植，应该留适当的空地，在树下做成树池。地面用卵子石或仄砖铺地，更觉洁净。

总之，绿化古建筑，是与修缮维护古建筑同样重要的工作。过去我们在这方面做出不少成绩，今后还希望做得更多更好。

1959 年

■ 泉州开元寺古桑

★ 清光绪年间苏州拙政园图

■ 武义郭洞村

村居与园林

我国广大劳动人民居住的绝大部分地区——农村，在居住的所在，历来都进行了绿化，以丰富自己的生活。这种绿化又为我国园林建筑所取材与摹仿。农村绿化看上去虽然比较简单，然在“因地制宜”、“就地取材”、“因材致用”这三个基本原则指导之下，能使环境丰富多彩，居住部分与自然组合在一起，成为一个人工与天然相配合的绿化地带。这在小桥流水、竹影粉墙的江南更显得突出。这些实是我们今日应该总结与学习的地方。在原有基础上加以科学分析和改进提高，将对今后改良居住环境与增加生产，以及供城市造园借鉴，都有莫大好处。

我国幅员辽阔，地理气候南北都有所不同，因而在绿化上，也有山区与平原之分。山区的居民，其建筑地点大都依山傍岩，其住宅左右背后，皆环以树木，我们伟大领袖毛主席的湘潭韶山冲故居，即是一个好例。至于平原地带村落，大都建筑在沿河流或路旁，其绿化原则，亦大都有树木环绕，尤其注意西北方向，用以挡烈日防风。住宅之旁亦有同样措施。宅前必留出一块广场，以作晒农作物之用。广场之前又植树一行，自划成区。宅北植高树，江南则栽竹，既蔽荫又迎风。鸡喜居竹林，因为根部多小虫可食，且竹林之根要松，经鸡的活动，有助竹的生长，两全其美。宅外的通道，皆芳树垂荫，春柳拂水，都是极妙的画图。这些绿化都以功能结合美观。在江南每以常绿树与落叶树互相间隔，亦有以一种乔木单植的，如栗树、乌桕、楝树，这些树除果实可利用外，其材亦可利用。硬木如檀树、石楠，佳材如银杏、黄杨，都是经常见到的。以上品种每年修枝与抽伐，所得可用以制造农具与家具。至于浙江以南农村的樟树，福建以南农村的榕树，华北的杨树、槐树，更显午荫嘉树清园，翠盖若棚，皆为一地绿化特征。利用常绿矮树作为绿篱，绕屋代墙。宅旁之竹林与果树，在生产上也起作用。在河旁溪边栽树，也结合生产，如广州荔枝湾就是在这原则下形成的。池塘港湾植以

淳安芹川村口

芦苇，或布菱荷，如嘉兴的南湖，南塘的莲塘，皆为此种栽植之突出者。这些都直接或间接影响到造园。虽然园林花木以姿态为主，与大自然有别，却与农村村居为近，且经修剪，硬木树尤为入画。因此如“柳荫路曲”、“梧竹幽居”、“荷风四面”等命题的风景画，未始不从农村绿化中得到启发的，不过再经过概括提炼，以少胜多，具体而微而已。

对于古代园林中的桥常用一面阑干，很多人不解。此实仿自农村者。农村桥农民要挑担经过，如果两面用阑干，妨碍担行，如牵牛过桥，更感难行，因此农村之桥，无阑干则可，有栏亦多一面。后之造园者未明此理，即小桥亦两面高阑干，宛若夹弄，这未免“数典忘祖”了。至于小流架板桥，清溪点步石，稍阔之河，曲桥几折，皆逶婉多姿，尤其是在山映斜阳、天连芳草、渔舟唱晚之际，人行桥上，极为动人。水边之亭，缀以小径，其西北必植高树，作蔽阳之用，而高低掩映，倒影参错，所谓“水边安亭”“径欲曲”者，于此得之。至于曲岸回沙，野塘小坡，别具野趣，更为造园家蓝本所自。苏州拙政园原多逸趣，今则尽砌石岸，顿异前观。造园家不熟悉农村景物，必导致伧俗如暴发户。今更有以“马赛克”贴池间者，无异游泳池了。

■ 吴江同里水乡

农村建筑妙在地形有高低，景物有疏密，建筑有层次，树木有远近，色彩有深浅，黑白有对比（江南粉墙黑瓦）等，千万村居无一处相雷同，舟行也好，车行也好，十分亲切，观之不尽，我在旅途中，它予我以最大的愉快与安慰。这些景物中有建筑，有了建筑必有生活，有生活必有人，人与景联系起来，所谓情景交融。我国古代园林，大部分的摹拟自农村景物，而又不是纯仿大自然，所以建筑物占主要地位。造园工人又大部分来自农村，有体会，便形成可坐可留，可游可看，可听可想别具一格的中国园林。它紧紧地与人结合了起来。

农村多幽竹嘉林，鸣禽自得，春江水暖，鹅鸭成群，来往自若，不避人们。因此在园林中建造“来禽馆”，亦寓此意。可惜今日在设计动物园时，多数给禽鸟饱受铁窗风味，入园如探牢，这也是较原始的设计方法。没有生活，没有感情，不免有些粗暴吧！

1958 年

■ 嘉善西塘

北京北海公园

游季节谈园林欣赏

现在正是春游佳节，在首都的颐和园、北海，苏州的拙政园、留园，上海的豫园，扬州的个园等等，不知吸引了多少的游客。我国园林应该是建筑、花木、水石、绘画、文学等的综合艺术，在世界园林建筑中独树一帜。从古代到现在，劳动人民在这方面创造了无数的佳作。我们在游园之时，如何欣赏这些园林艺术，理解它的佳妙之处，我想是大家所乐闻的吧！

一个园林不论大小，它必有一个总体。当我们游颐和园时，印象最深的是昆明湖与万寿山，游北海，则是海与琼华岛。苏州拙政园曲折弥漫的水面，扬州个园峻拔的黄石大假山，也给人印象甚深。这些都是园林在总体上的特征，形成了各园特有的景色。在建造时，多数是利用天然的地形，加以人工的整理与组合而成的。这样不但节约了人工物力，并且又利于景物的安排，这在古代造园术上，称之为“因地制宜”。我们去游从未去过的园林时，应先了解一园的总体，不然，正如《红楼梦》中的刘老老一样，一进大观园，就会茫然无所对了。

在我国古典园林的总体中，有以山为主的，有以水为主的，也有以山为主水为辅，或以水为主山为辅的。而水亦有散聚之分，山有峻岭平冈之别，总之景因园异，各具风格。在观赏时，又有动观与静观之分。因此，评价某一园林艺术水平的高低，要看它是否发挥了这一园景的特色，不落常套。

古代园林因受封建社会历史条件的限制，可说绝大部分是封闭的，即园四周皆有墙垣，景物藏之于内。可是园外有些景物还是要组合到园内来，此即所谓“借景”。颐和园的主要组成部分是昆明湖与万寿山，但是当我们在游的时候，近处的玉泉山和较远的西山仿佛也都被纳入园中，使园有限的空间不知扩大了多少倍，予人以不尽之意。我最爱夕阳西下的时候在“湖山真意”处凭阑，玉泉山“移置”槛前，的确是一幅画图。北京西郊诸园可说都“借景”西山，明代人的诗说：“更喜高楼明月夜，悠然把酒对西山。”便是写的这种境界。“借景”予人的美感是在有意无意之间，陶渊明的“采菊东篱下，悠然见南山”，妙处就在“悠然见”。园林中除给人以“悠然见”的“借景”外，在园内亦布置了若干同样“悠然见”的景物，使游者偶然得之，这名之谓“对景”。苏州拙政园有一个小园叫枇杷园，从园中的月门望园外，适对大园池上的雪香云蔚亭，便是一例。

中国园林往往在大园中包小园，如颐和园的谐趣园，北海的静心斋，苏州拙政园的枇杷园，留园的揖峰轩等，它们不但给了园林以开朗与收敛的不同境界，同时又巧妙地把大小不同、曲直各异的建筑物与山石树木，安排得十分恰当。至于大湖中包小湖的办法，要推西湖的三潭印月了。这些小园小湖多数是园中精华所在的地方，无论在建筑的处理上，山石的堆叠上，盆景的配置上，都是细笔工描，耐人寻味。正如欣赏齐白石的画一样，那粗笔幅中的工笔虫，是齐翁用力最劲的地方。在游园的时候，对于这些小境界，不要等闲行过，宜于略事盘桓。我相信年事较高的人，必有此同感。

中国园林在景物上主要摹仿自然，即用人工的力量来建造出天生的景色，即所谓“虽由人作，宛自天开”。这些景物虽不强调一定仿自某山某水，但多少有些根据。颐和园的仿西湖便是一例，可是它又不同于西湖。还有利用山水画为粉本，参以诗词的情调，构成许多如诗如画的景色。这些景物已是提高到画意诗情的境界了。在曲折多变的景物中，还运用了“对比”、“衬托”等的手法。所谓“对比”，就是两种不同的景物相互对比，可得很好的效果。颐和园前山为华丽的建筑群，后山却是苍翠的自然景物，两者予游客以不同的感觉，而景物相得益彰，便是一例。因此在中国园林中，往往以建筑物与山石作对比，大与小作对比，高与低作对比，疏与密作对比。而一园的主要景物却又由若干次要的景物“衬托”而出，使“宾主分明”，突出了重点，像北海的白塔、景山的五亭、颐和园的佛香阁便是。

中国园林除山石树木外，建筑物是主要构成部分。亭、台、楼、阁的巧妙安排，变化多端，十分重要。如花间隐榭，水边安亭，长廊云墙，曲桥漏窗等，构成各种画面，使空间更加扩大，层次分明。因此游过中国园林的人常说，花园虽小，游来却够曲折有致。这就是说将这些东西组合成大小不同的空间，有开朗，有收敛，有幽深，有明畅，从入园到兴尽游罢，如看中国画的手卷一样，次第接于眼帘，观之不尽的了。

“好花须映好楼台”，园林中的树木就要发挥这个作用。我相信到过北海团城的人，没有一个不说团城承光殿前的一些松柏，是布置得那样妥帖宜人，说得上“四时之景，无不可爱”。这是什么道理?其实是这些松柏的姿态与附近的建筑物体形，高低相称，又利用了“树池”将它参差散植，加以适当的组合，形成疏密有致，掩映成趣。苍翠虬枝与红墙碧瓦构成一幅极好的水彩画面，怎不令人流连忘返呢?颐和园乐寿堂前的海棠，同样与四周的廊屋形成了玲珑绚烂的构图，这些都是绿化中的佳作。江南的园林，利用白墙作背景，影以华滋的花木、清拔的竹石，明洁悦目，又别具一格。园林中的花木，大都是经过长期的修整，人力加工，使曲尽画意。园林中除假山外，尚有“立峰”，这些是单独欣赏的佳石，抽象的雕刻品它必具有“透、漏、瘦”三个优点，方称佳品，即要“玲珑剔透”。说得具体点，石头的姿态可以“入画”，才能与园林相配。我国古代园林中，要有佳峰珍石，方称得名园。上海豫园的“玉玲珑”，苏州留园的“冠云峰”，在太湖石中都是上选，给园林生色不少。

若干园林亭阁，不但有很好的命名，有时还加上了很好的对联。读过《老残游记》的，总还记得老残在济南游大明湖，看了“四面荷花三面柳，一城山色半城湖”的对联后，暗暗称道：“真个不错”。这便是妙在其中。当然，在有些亭阁的命名和对联的内容，其封建意识很浓，那又当别论了。

不同的季节，园林呈现不同的风光。古人说过：“春山淡冶而如笑，夏山苍翠而如滴，秋山明净而如妆，冬山惨淡而如睡。”接下来便是“春山宜游，夏山宜看，秋山宜登，冬山宜居”了。在当时的设计中多少参用了这些画理，扬州的个园便是用了春夏秋冬四季不同的假山。在色泽上，春用略带青绿的石笋，夏用灰色的湖石，秋用褐黄的黄石，冬用白色的雪石。此外，黄石山奇峭凌云，俾便秋日登高。雪石罗堆厅前，冬日可作居观，便是体现这个道理。

晓色云开，春随人意，想来大家必可畅游一番吧！

1962 年 4 月

■ 中州颐和园——辉县百泉

南京瞻园假山

史偶拾

苏州留园为明清江南名园之一，现在又列为全国重点文物，是大家所熟悉的。它的历史都知道原为明代徐泰时（冏卿）的东园，清嘉庆间为刘恕（蓉峰）所得，以园中多白皮松，故名寒碧山庄。（见本集《说园》注②）刘爱石成癖，重修此园，其中的“十二峰”为园中特色。同光间为盛康购得，易名留园。其中假山的真正设计与建造者究为何人，从明代以来一直被埋没了。如今我来介绍一下这园的叠山师——周秉忠。

明代《袁中郎游记》上说：“徐冏卿园（即今留园），在阊门外下塘，宏丽轩举，前楼后厅，皆可醉客。石屏为周生时臣所堆，高三丈，阔可二十丈，玲珑峭削，如一幅山水横披画，了无断续痕迹，真妙手也。堂侧有土垄甚高，多古木。垄上有太湖石一座，名瑞云峰，高三丈余，妍巧甲于江南，相传为朱勔所凿。才移舟中，石盘忽沉湖底，觅之不得，遂未果行。后为乌程董氏购去，载至中流，船亦复没，董氏乃破资募善没者取之，须臾忽得，其盘石亦浮水而出，今遂为徐氏有。”（并见《桐桥倚棹录》）这段记载除指出假山作者外，并可说明今日留园中部及西部的假山，尚存当日规模，可与王学浩《寒碧山庄图》互相参证。唯这太湖石“瑞云峰”已移至城内旧苏州织造府中。

江进之《后乐堂记》：“太仆卿渔浦徐公解组归田，治别业金阊门外二里许，不佞游览其中，顾而乐之，题其堂曰后乐堂。堂之前为楼三楹，登高骋望，灵岩天平诸山，若远若近，若起若伏，献奇耸秀，苍秀可掬。楼之下北向，左右隅各植牡丹、芍药数十本，五色相间，花开如绣。其中为堂凡三楹，环以周廊，堂墀迤右，为径一道，相去步许植野梅一林，总计若干株。径转仄而东，地高出前堂三尺许，里之巧人周丹泉，为叠怪石作普陀天台诸峰峦状。石上植红梅数十株，或穿石出，或倚石立，岩树相得，势若拱遇，其中为亭一座，步自亭下，由径右转，有池盈二亩，清涟湛人，可鉴须发，池上为长堤，长数丈，植红杏百株，间以垂杨，春来丹脸翠眉，绰约交映。堤尽为亭一座，杂植紫薇木犀、芙蓉、木兰诸奇卉。亭之阳，修竹一丛，其地高于亭五尺许，结茅其上。徐公顾不佞曰：此余所构逃禅庵也。”案徐树丕《识小录四》：“余家世居阊关外之下塘，甲第连云，大抵皆徐氏有也。年来式微十去七八……”徐氏在阊门占有东园（今留园）西园、紫芝园等，颜堂曰后乐堂。尤为难得者，知后乐堂叠山即东园者同出周秉忠（丹泉，时臣）之手。紫芝园王百穀有记，记中未言后乐堂。江进之，名盈科，楚之桃源人，明万历间为长洲（今苏州）令，工文。袁小修为作《江进之传》。

按《吴县志》所载，韩是升《小林屋记》：“按郡邑志……台榭池石皆周丹泉布画。丹泉名秉忠，字时臣，精绘事，洵非凡手云。”小林屋即今日苏州现存园林之一的惠荫园（洽隐园），在南显子巷，其中水假山委宛曲折，为国内的罕例。又据明末徐树丕《识小录》上说：“丹泉名时臣……其造作窑器及一切铜漆物件，皆能逼真，而妆塑尤精，……

究心内养，其运气闭息，使腹如铁。年九十三而终。”可见他除工叠山外，又是画家与工艺家。依上面的两段记载而论，他生活的年代，当是明末的大部分时期了。同时惠荫园水假山堆叠时代亦可确定了。周秉忠的儿子“一泉名廷策，即时臣之子，茹素，画观音，工叠石。太平时江南大家延之作假山，每日束修（工资）一金……年逾七十，反先其父而终。”（见《识小录四》）是一个继承他父亲技术的叠山师，从“反先其父而终”一语来看，周秉忠的一些作品，必然有许多是他们父子二人合作的结晶了。

苏州怡园，建于清末，景多幽雅，名驰江南，园主顾文彬（子山）在建园前，曾购留园，旋让盛氏。其时顾在浙江宁绍道台任上，园的规划皆出其子顾承（乐泉）之手。顾承是画家，设计的很多方面与画友研讨而成。当时画家如吴县人王云（石芗）、范印泉及顾沄(若波)、嘉定人程庭鹭等人，都参与了设计工作。藕香榭重建出姚承祖之手。龚锦如，吴县胥口人，世代叠石，曾参予后期怡园山石堆叠，同时亦为狮子

苏州耦园

如皋水绘园

林重修假山。相传经营是园的时候，每堆一石，构一亭，必拟出稿本与他父亲商榷，顾的曾孙公硕先生说，这些往来书信尚存其家。怡园联对，刻本今不存，皆顾文彬自集宋词，由当时书家分写，原作今藏苏州博物馆。这些当不失为研究园林的好资料。

吴绍箕《四梦彙谈》卷二《游梦倦谈·伪王宫》："……由此又踏瓦砾数重，为伪花园，有台，有亭，有桥，有池，皆散漫无结构。过桥为假山，山中结小屋，横铺木板六七层，进者须蛇行，不能坐立。"此殆即南京太平天国天王府花园。其山中结小屋，颇似扬州片石山房及苏州环秀山庄者，知其有所自也。

苏州西百花巷潘宅（后属程姓）园中，有一海棠亭（今移至环秀山庄），其建筑结构形式是国内唯一孤例，是件珍贵文物。亭式如海棠，柱、枋、装修等皆以海棠为基本构图。过去东西两门都能自行开阖，有人入亭，距门一步余，门即豁然洞开，入门即悠然自合，不需人力，出门也自行开闭。后因机件损坏，竟无人能修（见《吴县志》）。《哲匠录》曾引《吴县志》的记载，指出建亭人为一清代佚名工匠某甲，但未指出亭之所在地点。不久前我访问了苏州香山老工人贾林祥同志，据他说，该亭为清康熙间香山人徐振明所建。徐为康熙间名匠，苏州马医科申文定公牌楼（今移北寺塔前）之修理亦出其手。据说他建造这亭，没有完工，尚缺挂落、吴王靠（前者是檐下的装饰，后者是亭四周上的坐椅）等部分构件。为人有正义感，不肯屈身服侍统治阶级，生活寒苦，晚年潦倒，近六十岁时病死街头。他的悲惨遭遇，仅是旧社会罪恶统治下的许许多多民间工匠艺人中间的一例而已，应当把这些事例列入苏州园林史料之中。

北京"颐和园"的假山，从未有人谈其作者。耿君刘同告我，颐和园史料中有此一则："乾隆十五年（1750年）、十六年（1751年），口谕内务府造办处朱维胜叠清漪园（颐和园前身）乐安和（扇面殿）假山。乾隆十五、十六年上谕杨万青通晓园庭事务，主管清漪园工程，授郎中，后又撤职。"诚为研究颐和园及我国叠山史的重要资料。

如皋汪氏文园，夙负盛名，然毁已久，莫能明其结构之精。案清钱泳所著《履园丛话》卷二十："如皋汪春田观察，少孤，承母夫人之训，年十六以资为户部郎。随高宗出围，以校射得花翎，累官广西、山东观察使。告养在籍者二十余年，所居文园，有溪南、溪北两所，一桥可通。饮酒赋诗，殆无虚日。"春田《重葺文园诗》："换却花篱补石阑，改园更比改诗难；果能字字吟来稳，小有亭台亦耐看。"可证当日经营用力之专，宜其巧具匠心也。1962年春，余拟作"文园"遗址之勘查，奈阻雪泰州，兴废而返。路君秉杰得《如皋汪氏文园绿净园图咏》印本，其偿我昔愿之未果耶？

姚祖诏跋两园图云："案《如皋县志》，文园在治东丰利镇，镇人汪之珩筑，绿净园，在文园北，其子为霖筑。然观其孙承镛两园记，则文园在雍正初为之珩乃父澹庵所辟课子读书堂，即澹庵课之珩处也。绿净园后于文园六十年，为霖以事母及觞咏之所，初欲通两园为一，而终尼于忌者。之珩好学不仕，网罗乡献，辑《东皋诗存》四十八卷。……谓文园为之珩所筑或以此而致误也。为霖官至山东督粮道，亦尝与东南名流相往还，而绿净之名不逮文园远甚。承镛当道光间，既自作记，复梓季耘（标）所绘图，以永先迹。时文园已荒废莫治，绿净亦风雅消歇。"钱泳于"道光（二年）壬午（1822年）三月……绕道访文园，时观察（汪春田）年正六十，发须皓然矣。"（《履园丛话》卷二十）春田名为霖。

此园为戈裕良所重修者（据《履园丛话》卷十二），景中小山水阁溪泉作瀑布状，自上而下曲折三叠，洵画本也，直拟之园中，今南北所存诸园无此佳例。无锡寄畅园之八音涧，修理中未按原状，已失旧观矣。石矶堆叠自然，亦属佳构。

仪征朴园亦戈裕良所构筑。园主巴君朴园、宿崖兄弟，凡费白金二十余万两，五年始成。园甚宽广，梅萼千株，幽花满砌。其牡丹厅最轩敞。假山形式“有黄石山一座，可以望远，隔江诸山历历可数，掩映于松楸野戍之间。而湖石数峰，洞壑宛转，较吴阊之狮子林，尤有过之，实淮南第一名园也。”钱泳推崇如此，见《履园丛话》卷二十。此园之假山乃兼黄石、湖石二者之长，高山以黄石，洞曲以湖石，各尽其性能也。至于借景隔江，亦效扬州平山堂之意。园在仪征东南三十里。

龚自珍谓巴姓为徽州大族。迁扬州者多以业盐致富。今扬州尚存巴总门之大住宅。

南京瞻园重修于1939年，石工为王君涌。杨寿楣《记石工王君涌》：“王君涌，金陵人，居城西凤台巷。业莳花卉，而尤工叠假山。己卯（1939年）冬，余承乏宣房，葺瞻园为行馆。园故徐中山王邸第，石素擅称，自后之修者，位置错乱，顿失旧观，又经丁丑（1937年）事变，欹侧倾颓，危险益甚，乃招君涌为整治之。君涌老于事，举所谓三宜五忌者，言之成理，累然如数家珍。故凡峰壑屏障，一经其手，辄嶙峋窅窱，几令人有山阴道上应接不暇之观。盖虽食力小民，固胸有丘壑，兼于重量配置，别具特识，有隐合近代科学之原理者。问其年，六十年有四，且有子子兴，能世其业矣。……”

“梓人武龙台，长瘦多力，随园亭榭，率成其手。癸酉（1753年）七月十一日病卒。素无家也，收者寂然。余为棺殓，瘞园之西偏。”（见袁枚《小仓山房诗集》卷九《瘞梓人诗》小序）此为随园建造者之一，幸传焉。

《泾林续集》载：“世蕃于分宜藏银，亦如京邸式，而深广倍之。复积土高丈许，遍布桩木，市太湖石，累成山，空处尽栽花木，毫无罅隙可乘，不啻万万而已。”世蕃为明严嵩子。江西分宜人，其京邸窖藏为深一丈五尺。此亦假山之别例也。

1958年

■ 杭州西湖小瀛州

跋

王栖霞

希腊哲人亚里士多德曾提出："一切艺术都是自然的模仿。"以这个说数来品评我国古代园林建筑艺术，又受到新的启发。我国明代造园家计成，著有《园冶》一书，流传到日本以后，翻印出版，改名为《夺天工》。顾名思义，所谓"殚土木之功，穷造形之巧"，更意味着模仿自然的匠心的提高。与之同时的叠石家张涟，声名卓著，有吴梅村、黄宗羲为之立传，指出他造园叠石，参照大痴、云林画法，以平冈浅阜、瘦石疏林取胜，又进一步把园林构造与山水画法结合起来，在师自然的基础上，开拓新的意境。凡此种种，都说明园林艺术和绘画、音乐一样，不能离开自然而凭空创造；但又不是自然的复制，必须对自然现象，予以概括、提炼，渗透入造园家的思想感情和审美观念，体现出他们独具的风格和个性。流风所及，为园林建筑史增添异彩。

我友陈从周教授，治古建园林之学久。其早年从事文史，研习绘画，对人物、山水、花鸟，各有高深造诣。中年以后，所绘兰竹，意多于笔，趣多于法，自出机杼，脱尽前人窠臼。以词境画意相参，探求园林技艺，用他自己的话来说："造园有法而无式，变化万千，新意层出，园因景胜，景因园异。"这真是"师自然，拓境宇，造林泉"的独到见解。

解放以来，社会经济基础与上层建筑发生了根本变化，人民对物质生活与文化生活，不断提出新的要求。毛主席对文学艺术提出"百花齐放，推陈出新"的方针。全国各地所保存的古代匠师精心设计的古老园林，通过调查勘测与修整，去其糟粕，取其菁华，旧貌变新颜。由过去封建统治阶级所独占，变为广大人民所共享。从周教授在这方面，又作出了新的贡献。最近将其有关论著，编为一集，名曰《园林谈丛》，出版问世。就内容言，有史料可征，有理论可法，有介绍各地名园胜迹，可供游览参考。就笔墨言，清新隽逸，如记游小品；因景抒情，如无韵诗篇。一编在手，能激发人们对生活的热爱，能满足人们以审美的要求。质诸读者，当以我为知言。

1979年1月于上海

■ 绍兴东湖

作者后记①

这书是集我二十多年来所写园林文字的一部分，因为内容涉及较广，姑名之为《园林谈丛》。其中绝大多数曾发表于国内外报刊书籍，现在重印，作了一点小修改。有些图照在集中未能全收，可于所在原刊原书内查得。此集加了若干园图，皆园史之珍贵资料。

懒散如我，本无辑集之想，友人冯其庸不以芜辞为弃，怂恿付印，复惠序言。欣荷出版社的大力支持始能与读者见面。赵朴初翁赐题眉，光宠书端。王西野（栖霞）先生复为校阅一过并跋，皆隆情高谊，一一于此谨谢。区区管见，难言有得，不足言文，求正而已。望读者有所教我。

1979年1月美游归后，陈从周记于

上海同济大学建筑系建筑历史教研室

① 编辑注：由于年代久远，陈从周先生的诸多原版图片很难寻找，只能从原书中作复制（见★号）。为提高读者的阅读兴趣，征得陈从周先生的女儿陈胜吾女士的同意，特请鹿大禹、田源先生补拍了彩图和双色图片（见■号）。